现代小麦

生产与病虫害防治
原色图谱

● 徐洪明 候 勇 陈 勇 主编

中国农业科学技术出版社

图书在版编目（CIP）数据

现代小麦生产与病虫害防治原色图谱／徐洪明，候勇，陈勇主编．—北京：中国农业科学技术出版社，2018.5
ISBN 978-7-5116-3640-9

Ⅰ.①现…　Ⅱ.①徐…②候…③陈…　Ⅲ.①小麦-栽培技术-图谱②小麦-病虫害防治-图谱　Ⅳ.①S512.1-64②S435.12-64

中国版本图书馆 CIP 数据核字（2018）第 082127 号

责任编辑	白姗姗
责任校对	贾海霞

出 版 者	中国农业科学技术出版社
	北京市中关村南大街 12 号　邮编：100081
电　　话	（010）82106638（编辑室）　（010）82109702（发行部）
	（010）82109709（读者服务部）
传　　真	（010）82106650
网　　址	http://www.castp.cn
经 销 者	各地新华书店
印 刷 者	北京富泰印刷有限责任公司
开　　本	787mm×1 092mm　1/16
印　　张	6　彩插 68 面
字　　数	154 千字
版　　次	2018 年 5 月第 1 版　2018 年 5 月第 1 次印刷
定　　价	59.90 元

《现代小麦生产与病虫害防治原色图谱》
编 委 会

主　编：徐洪明　候　勇　陈　勇

副主编：凌志杰　毛喜存　阳立恒　陈世君

　　　　张文强　潘宜军　乔存金　刘传友

　　　　许芝英　王小慧　张红伟　米兴林

　　　　高生莲　陈香正　乔秀红　张树莲

　　　　王生龙　靳存梅　杨红萍　杜晓刚

　　　　张　茜　张科伟　王维琴　乔丽娟

　　　　李晓刚　李　娜　王亚丽　王　旸

　　　　谢红战　张丽佳　李　博　孟桂霞

　　　　刘晓霞　李剑锋　李　敏　崔心燕

　　　　胡学飞　赵千里　李　岩　杨巨良

　　　　明卫国　李红梅　陈　慧　李艳菊

　　　　张海军　蒋方山

编　委：李　涛　栾丽培　郑文艳

前　言

小麦属于我国第二大粮食作物，在生产上注重高产、优质、高效、生态、安全等目标协同提高，满足了人们对质量安全和加工品质日益增长的需求，但是我国小麦的病虫害种类多，已经严重影响到小麦生产。本书共七章，包括小麦生产计划与整地播种、水肥运筹与基肥施用、小麦田间管理、适时收获与贮藏、小麦病虫害绿色防控技术、小麦病害及防治、小麦害虫及防治等内容。

本书重点介绍了小麦生产与病虫害防治的基础知识。书中语言通俗易懂，技术深入浅出，实用性强，适合广大农民、基层农技人员学习参考。

编　者

2018 年 5 月

目　录

第一章 小麦生产计划与整地播种

第一节 品种选择与种子处理

一、小麦生产的良种选用原则

良种是小麦生产最基本的生产资料之一，包括优良品种和优良种子两个方面。使用高质量良种是使小麦生产达到高产、稳产、优质和高效目标的重要手段。优良品种是在一定自然条件和生产条件下，能够发挥品种产量和品质潜力的种子，当自然条件和生产条件改变了，优良品种也应作相应的改变，要按照"品种类型与生态区域相配套，地力与品种产量水平相配套，早中晚熟品种与适宜播期相配套，水浇条件与品种抗旱性能相配套，高产与优质相配套"的原则，搞好品种布局。随着优质专用小麦需求量的增加和种植效益的提高，各地在进行品种布局时，要对接加工企业与农户，加大订单生产的力度，适当扩大优质专用小麦的种植面积。选用良种必须根据品种特性、自然条件和生产水平，因地制宜。既要考虑品种的丰产性、抗逆性和适应性，又要防止用种的单一性；一般在品种布局上，应选用2~3个品种，以一个品种为主（当家品种），其他品种搭配种植，这样既可以防止因自然灾害而造成的损失，又便于调剂劳力和安排农活。选用小麦良种应做到以下五点。

第一，根据当地的气候生态条件，选用生长发育特性适合当地条件的品种，避免春性过强的品种发生冻害，冬性过强的品种贪青晚熟。

第二，根据当地的耕作制度、茬口早晚等，选择适宜在当地种植的早、中、晚熟品种。

第三，根据当地生产水平、肥力水平、气候条件和栽培水平确定品种类型和不同产量水平的品种。

第四，要立足抗灾保收，高产、稳产和优质兼顾，尤其要抵御当地的主要自然灾害。

第五，更换当家品种或从外地引种时，要通过试种、示范，再推广应用，以免给生产造成经济损失。

二、小麦生产的种子质量要求

优良种子是实现小麦壮苗和高产的基础。种子质量一般包括纯度、净度、发芽力、种子活力、水分、千粒重、健康度、优良度等，我国目前种子分级所依据的指标主要是种子净度、发芽率和水分，其他指标不作为分级指标，只作为种子检验的内容。

（一）品种纯度

小麦品种纯度是指一批种子中本品种的种子数占供检种子总数的百分率。品种纯度高低会直接影响到小麦良种优良遗传特性能否得到充分发挥和持续稳产、高产。小麦原种纯度标准要求不低于99.9%，良种纯度要求不低于99%。

（二）种子净度

种子净度是指种子清洁干净的程度，具体到小麦来讲是指样品中除去杂质和其他植物种子后，留下的小麦净种子重量占分析样品总重量的百分率。小麦原种和良种净度要求均不低于98%。

（三）种子发芽力

种子发芽力是指种子在适宜的条件下发芽并长成正常幼苗的能力，常采用发芽率与发芽势表示，是决定种子质量优劣的重要指标之一。在调种前和播种前应做好种子发芽试验，根据种子发芽率高低计算播种量，既可以防止劣种下地，又可保证田间苗全、苗齐，为小麦高产奠定良好基础。

种子发芽势是指在温度和水分适宜的发芽试验条件下，发芽试验初期（3天内）长成的全部正常幼苗数占供试种子数的百分率。种子发芽势高，表明种子发芽出苗迅速、整齐、活力高。

种子发芽率是指在温度和水分适宜的发芽试验条件下，发芽试验终期（7天内）长成的全部正常幼苗数占供试种子数的百分率。种子发芽率高，表示有生活力的种子多，播种后成苗率高。小麦原种和良种发芽率要求均不低于85%。

（四）种子活力

种子活力是指种子发芽、生长性能和产量高低的内在潜力。活力高的种子，发芽迅速、整齐，田间出苗率高；反之，出苗能力弱，受不良环境条件影响大。种子的活力高低，既取决于遗传基础，也受种子成熟度、种子大小、种子含水量、种子机械损伤和种子成熟期的环境条件，以及收获、加工、贮藏和萌发过程中外界条件的影响。

（五）种子水分

种子水分也称种子含水量，是指种子样品中所含水分的重量占种子样品重量的百分率。由于种子水分是种子生命活动必不可少的重要成分，其含量多少会直接影响种子安全贮藏和发芽力的高低。种子样品重量可以用湿重（含有水分时的重量）表示，也可以用干重（烘失水分后的重量）表示。因此，种子含水量的计算公式有两种表示方法。

$$种子水分（\%）=\frac{样品重-烘干重}{样品重}×100（以湿重为基数）$$

$$种子水分（\%）=\frac{样品重-烘干重}{烘干样品重}×100（以干重为基数）$$

小麦原种和良种种子水分要求均不高于13%（以湿重为基数）。

三、小麦生产的种子精选与处理

小麦生产的种子准备应包括种子精选和种子处理等环节。

（一）种子精选

在选用优良品种的前提下，种子质量的好坏直接关系到出苗与生长整齐度，以及病虫草害的传播蔓延等问题，对产量有很大影响。实施大面积小麦生产，必须保证种子的饱满度好、均匀度高，这就要求必须对播种的种子进行精选。精选种子一般应从种子田开始。

（1）建立种子田。种子田就是良种供应繁殖田。良种繁殖田所用的种子必须是经过提纯复壮的原种，使其保持良种的优良种性，包括良种的特征特性、抗逆能力和丰产性等。种子田收获前还应进行严格的去杂去劣，保证种子的纯度。

（2）精选种子。对种子田收获的种子要进行严格的精选。目前精选种子主要是通过风选、筛选、泥水选种、精选机械选种等方法，通过种子精选可以清除杂质、瘪粒、不完全粒、病粒及杂草种子，以保证种子的粒大、饱满、整齐，提高种子发芽率、发芽势和田间成苗率，有利于培育壮苗。

（二）种子处理

小麦播种前为了促使种子发芽出苗整齐、早发快长以及防治病虫害，还要进行种子处理。种子处理包括播前晒种、药剂拌种和种子包衣等。

（1）播前晒种。晒种一般在播种前2~3天，选晴天晒1~2天。晒种可以促进种子的呼吸作用，提高种皮的通透性，加速种子的生理成熟过程，打破种子的休眠期，提高种子的发芽率和发芽势，消灭种子携带的病菌，使种子出苗整齐。

（2）药剂拌种。药剂拌种是防治病虫害的主要措施之一。没有用种衣剂包衣的种子要用药剂拌种。根病发生较重的地块，可选用4.8%苯醚·咯菌腈（适麦丹）按种子量的0.2%~0.3%拌种或2%戊唑醇（立克莠）按种子量的0.1%~0.15%拌种或30g/L的苯醚甲环唑悬浮种衣剂按照种子量的0.3%拌种；地下害虫发生较重的地块，选用40%辛硫磷乳油按种子量的0.2%拌种；病、虫混发地块用杀菌剂+杀虫剂混合拌种，可选用21%戊唑·吡虫啉悬浮种衣剂按照种子量的0.5%~0.6%拌种，或用27%的苯醚甲环唑·咯菌腈·噻虫嗪按照种子量的0.5%拌种，对早期小麦纹枯病、茎基腐病及麦蚜具有较好的控制效果，还可减少春天杀虫剂的使用次数1~2次。

（3）种子包衣。把杀虫剂、杀菌剂、微肥、植物生长调节剂等通过科学配方复配，加入适量溶剂制成糊状，然后利用机械均匀搅拌后涂在种子上，称为包衣。包衣后的种子晾干后即可播种。使用包衣种子省时、省工、成本低、成苗率高，有利于培育壮苗，增产比较显著。一般可直接从市场购买包衣种子。生产规模和用种较大的农场也可自己包衣（或二次包衣），可用2.5%适乐时作小麦种子包衣的药剂，使用量为每10kg种子拌药10~20ml。

第二节　耕作整地

小麦播前耕整土地是为了使土壤耕层深厚，协调土壤中水、肥、气、热，使土壤松紧适度，保水、保肥能力强，地面平整状况好，符合小麦播种要求，为培育小麦全苗、壮苗及植株良好生长创造条件。小麦田耕作是以耕翻或少免耕（旋耕）为基础，耙、耱、压、作畦等作业相结合，要正确掌握宜耕、宜耙等作业时机，减少耕作费用和能源消耗，做到合理耕作，保证作业质量。

小麦田深耕翻可掩埋有机肥料、粉碎的作物秸秆、杂草和病虫等有机体，疏松耕层，松散土壤，加厚活土层；降低土壤容重，增加孔隙度，改善土壤结构，增加土壤通气性，改善通透性，促进好气性微生物活动和养分释放；小麦田深耕翻可提高土壤渗水、蓄水、保肥和供肥能力，保证小麦播后正常扎根生长。如连续多年只旋耕不耕翻的麦田，15cm 以下形成坚实的犁底层，影响小麦根系下扎、降水和灌溉水的下渗，保肥、保水能力下降。

小麦播种前的深耕（松）整地是关系全年产量的一次耕作，必须予以足够重视，确保耕作质量。深翻要打破除犁底层，在原有基础上逐年加深耕作层，一年加深一点，不宜一下耕得太深，以免将大量的生土翻出，影响小麦生长。具体耕地深度，机耕的应在 25~35cm；畜力犁地耕到 18~22cm。根据各地的大量资料表明，深耕由 15~20cm 加深到 25~35cm，一般能使小麦增产 15%~25%。实践证明，深耕的作用是有后效的，所以一般麦田可旋耕 3 年深耕 1 次，其余两年进行浅耕，深度 16~20cm 即可。

目前，小麦生产中的地块很少进行深耕深翻，大多在玉米收获后直接旋耕，耕层多在10cm 以内，造成耕层过浅，再加上整地质量不高，使得土壤不实，不利于保墒和根系生长，特别是玉米秸秆还田，致使土壤比较松散，保墒保肥能力下降，出苗后根系下扎不深甚至根系悬空，不能充分吸收水分和养分，造成小麦抗旱、抗冻和营养供给能力降低，甚至小麦出苗后不久就因缺水缺肥而死亡，出现黄弱苗甚至缺苗断垄现象。秸秆还田的地块在条件允许的情况下翻耕土壤，最好能每隔 2~3 年深翻（松）1 次，耕层以在 30cm 以上为宜，同时耙耱要精细，做到耕层土壤上虚下实，增加耕层保肥蓄水能力，为小麦丰产打好基础。

小麦田耙耱可破碎土垡，耙碎坷垃，疏松表土，平整地面，使土壤上松下实，减少蒸发，抗旱保墒；在深耕或旋耕后都应根据土壤墒情及时耙地。旋耕后的麦田表层土壤疏松，如果不耙耱就播种，会发生播种过深的现象，造成地中茎过长，麦粒营养消耗过多，导致苗弱，严重影响小麦分蘖，甚至形成独秆麦，造成亩穗数不足，降低产量；还会导致土壤表层失墒，影响根系和麦苗生长。

实行小麦畦田化栽培，有利于浇水和省肥省水。因此，各类有水浇条件的麦田，一定要在整地时打埝筑畦。但目前北方不同地区畦的大小、畦内小麦种植行距千差万别，严重影响了下茬玉米机械种植。因此，秋种期间应充分考虑农机农艺结合的要求，按照下茬玉米机械种植规格的要求，确定好适宜的畦宽和小麦播种行数和行距。北方麦区重点推荐以下两种种植规格：第一种：畦宽 2.4m，其中，畦面宽 2m，畦埝 0.4m，畦内播种 8 行小麦，采用宽幅播种，苗带宽 8~10cm，畦内小麦行距 0.28m。下茬在畦内种 4 行玉米，玉米行距 0.6m 左右。第二种：畦宽 1.8m，其中，畦面宽 1.4m，畦埝 0.4m，畦内播种 6 行小麦，采用宽幅播种，苗带宽 8~10cm，畦内小麦行距 0.28m。下茬在畦内种 3 行玉米，玉米行距 0.6m 左右。具体选用哪种种植规格应充分考虑水浇条件等因素，一般地，水浇条件好的地块尽量要采用大畦，水浇条件差的采用小畦。

第三节 播 种

一、确定适宜播种期

误期晚播，气温低，出苗延迟，苗不齐，长势弱，冬前分蘖少或无，次生根数少，麦苗抗寒力减弱，容易受冻害；同时，由于冬前低位蘖少或缺位，分蘖成穗率低，每亩穗数少；过于晚播的冬性品种，第 2 年春才开始幼穗分化，较高的温度条件导致穗的分化形成进程加快，持续时间缩短，穗少、粒少；晚播抽穗开花延迟，成熟期拖延，籽粒形成和灌浆在高温条件下进行，速度加快，历期较短，粒重降低。过早播种，较高温度条件导致植株生长过速，幼苗素质嫩弱，易受病虫为害，造成缺苗断垄，成穗数减少；如果是春性品种播种过早，麦苗生长迅速，分蘖多，旺而不健，干物质积累少，有的甚至在冬前拔节，这样，越冬时很易受低温冻害；旺长麦田冬季消耗土壤养分较多，春季很易脱肥。而适期播种，则可使小麦苗期处于最佳的温、光、水条件下，充分利用光热和水土资源，达到冬前培育壮苗的目的。在生产实践中，一般应根据当地的气候条件、品种特性、土肥水条件和栽培技术水平等来确定适宜的播期。

（1）地势与海拔高度。由于不同的地形会产生不同的小气候差异，阴坡温度低，需适期早播，阳坡地的播种期可以相应推迟。山地比平地要适当早播，同一地区，海拔每增加 100m，播种期提前 4 天左右。

（2）冬前积温。小麦从播种种子萌动需 ≥0℃ 积温 22.4℃·日，以后胚芽鞘每生长 1cm，约需 ≥30℃ 积温 13.6℃·日，所以，从种子萌动出土需 ≥0℃ 积温 68.0℃·日；第 1 片真叶生长 1cm，约需 ≥0℃ 积温 13.6℃·日，因此，从出土出苗又需 ≥0℃ 积温 27.2℃·日。播种出苗需要 117.6~200℃·日。

当日均温为 10℃ 左右时，生长 1 片叶需 ≥0℃ 积温 75℃·日，因此，冬前麦苗长出 6 叶或 6 叶 1 心，需 ≥0℃ 积温 450~525℃·日，长出 7 叶或 7 叶 1 心，需 ≥0℃ 积温 525~600℃·日。另据生产实践，春性品种冬前壮苗具有 6 叶或 6 叶 1 心，半冬性品种冬天壮苗具有 7 叶或 7 叶 1 心，所以，从播种至形成壮苗，春性品种需 ≥0℃ 积温 570~645℃·日，半冬性品种需 ≥0℃ 积温 645~720℃·日。

积温指标确定以后，再根据当地常年日平均温度的变化资料，从日均温稳定降至 0℃ 之日起向前推算，将 ≥0℃ 的温度值加起来，直到其总和达到既定积温指标为止。这个终止日期即为当地春性或半冬性品种的适宜播期，这一日的前后 3 天即为其适宜播期范围。

（3）品种特性。据试验，小麦种子发芽要求的最适温度是 20~30℃，最低温度为 0~5℃，最高温度 38~39℃，在发芽温度范围内，随温度升高，因酶促反应速度加快，所以，发芽速度也快，例如，在 5℃ 时达到最高发芽率需 21 天，15℃ 则为 6~7 天，在 20~30℃ 时只需 4~5 天，但到 35℃ 时发芽速度又变缓慢，需 5~6 天，到 40℃ 以上，由于高温的抑制作用，小麦种子不发芽。需要说明的是，所谓发芽最适温度，一般是指发芽最快时的温度，此时温度高，发芽速度虽快，但因呼吸作用旺盛，物质消耗多，根、芽生长并不健壮。在生产上要求根、芽生长粗壮，故小麦播种时所要求的适宜温度通常比发芽的最适温度低，一般来说，以日平均气温达到 15~18℃ 时播种最适宜。

（4）土、肥、水条件。小麦播种与水分条件关系是小麦播种时要求的土壤水分为田间持水量的 65%~75%，如果耕作层土壤水分大于 85% 或小于 60% 则不利于小麦出苗。小麦播种时常出现土壤干旱情况，当耕作层土壤水分低于田间持水量 65% 时就应浇播前水，由于种子需吸收相当于种子重量一半以上的水分时才能发芽，所以播前水的作用是提供发芽出苗所需水分，同时也有利于提高播种质量，改善苗期的营养条件，在适期内，应掌握"宁可适当晚播，也要造足底墒"的原则，做到足墒下种，确保苗全、苗齐、苗壮。"麦收隔年墒"就是强调底墒的重要性。黄墒播种或口墒不足，出苗慢而不齐，分蘖推迟，分蘖缺位，苗瘦苗弱。因此，要做到足墒下种。

（5）小麦播种期与秋季气候年型的关系。一地区每年秋季的冷暖程度、入冬时期的早晚和降水量的多少是不同的，也就是每年秋季会出现一定的气候年型，如秋暖年、秋寒年、秋涝年、秋旱年、秋正常年等。如遇秋涝年或秋寒年，需要提前撒墒整地，小麦播种期要比适期提早5~10天，才能保证较高的产量。在秋暖年或秋旱年则一般要浇好播前水（或称底墒水），小麦播种期要比适期推迟5~7天。

二、确定适宜播种量

基本苗数是实现合理密植的基础。生产上通常采取"以地定产，以产定穗，以穗定苗，以苗定子"的方法确定适宜播种量，即以土壤肥力高低确定产量水平，根据计划产量和品种的穗粒重确定合理穗数，根据穗数和单株成穗数确定基本苗数，再根据基本苗和品种千粒重、发芽率及田间出苗率等确定播种量。每亩[*]播量应根据每亩基本苗数、种子净度、籽粒大小、种子发芽率和出苗率等因素来确定，其计算公式是：

播种量的计算公式为：播种量（kg/亩）＝基本苗（万/亩）×［千粒重（g）÷净度÷发芽率÷田间出苗率］。

如每亩地计划基本苗为16万株，种子的千粒重为40g，发芽率为85%，田间出苗率为85%，则每亩的播种量为：

播种量（kg/亩）＝16×（40÷100÷0.85÷0.85）≈8.86kg，即每亩的播种量。

一般当种子净度在99%以上，可以不考虑"净度"这项因素。生产实践中，播种量还应根据实际生产条件、品种特性、播期早晚、栽培体系类型等加以调整：土壤肥力很低时，播量应低，随着肥力的提高而适当增加播量，当肥力较高时，相对减少播量；冬性强，营养生长期长、分蘖力强的品种，适当减少播量，而春性强、营养生长期短、分蘖力弱的品种，适当增加播量；播期推迟应适当增加播种量；不同栽培体系中，精播栽培播量要低，独秆栽培要密等。目前生产上推广的大多数品种正常情况下在整地较好的壤土地基本上是斤[**]籽万苗，基本苗15万~18万，即播种量就是7.5~9kg。以后每晚1天增加0.5kg，到10月15日就是12.5~14kg。黏土地、秸秆还田的地，千粒重40g左右的品种，可适当增加播量10%或稍多。这样起始播期（10月5日）的播种量就是8.5~10kg，到10月15日就是14~16.5kg。再晚播种的，按照晚1天加500g计算，增加到20kg封顶，最多不超过22.5kg。

为什么晚播要增加播量？因为长叶、分蘖与积温密切相关，10月中旬播种，主茎叶龄只有5叶左右，单株茎蘖只有3个。播种量增加到12.5~14kg，每亩茎蘖数80万左右，

---

* 1亩≈667m²，全书同

** 1斤＝0.5kg，全书同

壮苗。这就是依播期调播量的最终目的。在适期播种范围内，均可达到壮苗。

因此，合理播量为：在适期播种的条件下，高产田每亩7.5~10kg，一般大田10~12.5kg；晚播麦田可增到12.5~15.5kg。宽幅条播的麦田10~13kg。播期每晚播一天播量增加0.25~0.5kg。

三、提高播种质量

（1）播种深度适宜、一致，下籽均匀。胚乳中所贮存的养分有限，若播种过深，幼苗形成地中茎，消耗养分多，出苗迟，苗质差，分蘖少，且易感染病虫害；若播种过浅，由于土壤表层含水量不足，种子易落干，影响发芽、出苗，同时分蘖节分布太浅，既不利于安全越冬，又易引起倒伏与早衰。因此，生产上一般要求分蘖节应距地表2~3cm，即播种深度应掌握在3~5cm。此外，高质量播种还要求播深一致，下籽均匀，避免疙瘩苗或断垄现象发生。

（2）宽幅精量播种。改传统小行距（15~20cm）密集条播为等行距（22~25cm）宽幅播种，改传统密集条播籽粒拥挤一条线为宽播幅（8~10cm）种子分散式粒播，有利于种子分布均匀，减少缺苗断垄、疙瘩苗现象，克服了传统播种机密集条播，籽粒拥挤，争肥，争水，争营养，根少、苗弱的生长状况。因此，各地要大力推行小麦宽幅播种机械播种，注意给播种机械加装镇压装置，播种机不能行走太快，以每小时5km为宜，以保证下种均匀、深浅一致、行距一致、不漏播、不重播、不留空闲地等。在适期播种情况下，分蘖成穗率低的大穗型品种，每亩适宜基本苗15万~18万；分蘖成穗率高的中多穗型品种，每亩适宜基本苗12万~16万。在此范围内，高产田宜少，中产田宜多。晚于适宜播种期播种，每晚播2天，每亩增加基本苗1万~2万。

（3）覆土良好，播后镇压。为了提高播种质量，减少因秸秆还田而产生的缺苗断垄现象，应采用先深翻、后播种的方式。小麦田播后镇压有压实土壤、压碎土块、平整地面的作用，当耕层土壤过于疏松时，镇压可使耕层紧密，提高耕层土壤水分含量，使种子与土壤紧密接触，根系及时萌发与伸长，下扎到深层土壤中，一般深层土壤水分含量较高、较稳定，可提高麦苗的抗旱能力，麦苗整齐健壮。

（4）规范操作，保证播种质量。由于整地质量差，田间土块多，土壤质地不实，一旦播种机手操作不规范，造成播种质量下降显著，缺苗断垄现象严重发生，不能很好地保证基本苗数，越冬期还容易遭受冻害。在精细整地的基础上，播种机手在播种过程中一定要保持匀速行驶，做到不缺垄、不断行，同时做到播后镇压，使种子和土壤充分接触，提高水肥供给能力，保证播种质量。要在小麦播种中实行耕作、播种监理制度，由资深农机专业人员对过程进行全程监理，并把播种质量与监理人员经济效益挂钩。

（5）防治地下害虫。一般采用化学措施来防治地下害虫。生产上在搞好药剂拌种的基础上，还可采用药液浇灌法，即播种出苗后用5 000倍辛硫磷液灌注蝼蛄洞。也可用毒谷、毒饵法，即用50%的辛硫磷乳剂34ml，对水50~100ml，与1.0~1.5kg炒过或煮过的谷子混匀，播后撒于田间；或用上述药剂，与34kg碾碎的豆饼或花生饼、芝麻饼、棉籽饼等混匀，播后撒于田间。

第二章　水肥运筹与基肥施用

第一节　小麦的需水规律

小麦的需水规律与气候条件、冬麦和春麦类型、栽培管理水平及产量高低有密切关系。其特点表现在阶段总耗水量、日耗水量（耗水强度）及耗水模系数（各生育时期耗水占总耗水量的百分数）方面。小麦出苗后，随着气温降低，日耗水量也逐渐下降，播种至越冬，耗水量占全生育期的15%左右。入冬后，生理活动缓慢、气温降低，耗水量进一步减少，越冬至返青阶段耗水量只占总耗水量的6%~8%，耗水强度在10m³/hm²·日左右，黄河以北地区更低。返青以后，随着气温的升高，小麦生长发育加快，耗水量随之增加，耗水强度可达20m³/hm²·日。小麦拔节以前温度低，植株小，耗水量少，耗水强度在10~20m³/hm²·日，棵间蒸发占总耗水量的30%~60%，150余天的生育期内（占全生育期的2/3左右），耗水量只占全生育期的30%~40%。拔节以后，小麦进入旺盛生长期，耗水量急剧增加，并由棵间蒸发转为植株蒸腾为主，植株蒸腾占总耗水量的90%以上，耗水强度达40m³/hm²·日以上，拔节到抽穗1个月左右时间内，耗水量占全生育期的25%~30%，抽穗前后，小麦茎叶迅速伸展，绿色面积和耗水强度均达一生最大值，一般耗水强度45m³/hm²·日以上，抽穗至成熟在35~40天内，耗水量占全生育期的35%~40%。小麦一生耗水特点是在拔节前50~70天内（占全生育期的40%~50%），耗水量仅占全生育期的22%~25%，拔节至抽穗20天耗水量占25%~29%，抽穗至成熟的40~50天内耗水量约占50%。

第二节　小麦的灌溉技术

一、具体措施

小麦播前采用大定额灌水，使50~200cm土层土壤湿度达到田间持水量的80%以上，有利于小麦根系下扎，增加深层根比例。根据小麦需水特性和小麦不同生育时期的水分效应，灌关键水。据研究，在灌足底墒水的情况下（冬前墒情较好），灌冬水的效果较差，以灌拔节水和孕穗水的效果最好；在冬前墒情不好的情况下，以灌冬水和孕穗水的效果较为显著。对于没有浇底墒水，抢墒播种的麦田，要及时浇水保苗。干旱的麦田浇水可以补充土壤水分，平抑地温，粉碎坷垃，防小麦根系风干造成冻伤，保苗越冬。对已出现旱象的麦田应抓紧浇水保苗，以促进根系生长和分蘖发生。当日均温降到5℃左右、耕层土壤含水量在田间最大持水量的70%以下时开始浇冬水，至日均温下降到0~2℃、夜冻昼消时结束。对于旋耕不镇压导致土壤悬松、秸秆还田不深耕导致小麦悬根的麦田，冬季会产生冻害死苗现象，严重降低产量，这类麦田一定要浇冬水。浇冬水宜采用小畦细水，做到田间不积水，以免土壤板结，忌大水漫灌，冲刷表土。瘦地弱苗要适当早灌，肥地旺苗适当晚灌。冬灌过晚，土壤冻结，难下渗，地面结冰，易死苗。

采用喷灌、滴灌、渗灌及管道灌溉等先进的灌水技术，是节水的有效途径。喷灌可比地面灌溉节水 20%~40%，其小麦耗水系数只相当于畦灌耗水系数的 25%~30%；渗灌比畦灌节水 40%左右，滴灌可比畦灌省水 4~6 倍。这些先进的灌溉技术一般不导致土壤板结及养分淋溶，有利于土壤水、肥、气、热的协调作用和微生物的活动，促进养分转化，从而提高小麦产量。麦田灌水后，采取及时中耕松土、地膜覆盖等蓄水保墒措施，可以防止水分蒸发，提高水分利用效率，也能达到节水的目的。

二、技术模式

（一）浇 1 水技术模式

播期墒情足，越冬期和早春有一定量的有效降雨，麦田不出现严重旱象，只在拔节末期至抽穗期浇 1 水。该模式适于沿黄河区域，地下水位较高的黏质土壤区，小麦产量 550~700kg 水平。

（二）浇 2 水技术模式

浇 2 水有底墒水+拔节水、底墒水+灌浆水、拔节水+开花水、拔节水+灌浆水 4 种方案。①底墒水+拔节水。播期墒情不足，浇足底墒水为第 1 水，不再浇越冬水；拔节期浇第 2 水。该模式适于沿黄河区域，地下水位较高的黏质土壤区。多年调查，黏质土壤区小麦产量在 550~600kg 水平，在壤土区小麦产量在 400~550kg。②底墒水+灌浆水。播期墒情不足，浇足底墒水为第 1 水，不再浇越冬水；春季降雨适宜，不出现旱象，不再浇水；灌浆初期浇第 2 水。③拔节水+开花水。播期墒情足，冬前有一定量的有效降雨，不出现严重旱象，不浇越冬水；拔节期出现旱象，浇第 1 水；抽穗—开花初期浇第 2 水。④拔节水+灌浆水。播期墒情足，冬前有一定量的有效降雨，不出现严重旱象，不浇越冬水；拔节前控水；拔节期浇第 1 水；灌浆初期浇第 2 水。

（三）节水灌溉浇 3 水技术模式

①底墒水+拔节水+灌浆水。播期墒情不足，浇足底墒水为第 1 水，不再浇越冬水；拔节初期浇第 2 水；灌浆初期浇第 3 水。该模式适于冬前和春季有效降水少的年份。②拔节水+开花水+灌浆水。播期墒情足，冬前有一定量的有效降雨，不出现严重旱象，不浇越冬水；拔节期浇第 1 水；抽穗期—开花初期浇第 2 水；灌浆中期浇第 3 水。③越冬水+拔节水+灌浆水。播期墒情足，遇暖冬，冬前出现旱象较重，浇越冬水为第 1 水；拔节初期浇第 2 水；灌浆初期浇第 3 水。适时浇好 3 水，黏质土壤区小麦产量一般在 600~700kg，较高肥力的壤土区小麦产量一般在 500~600kg，浇好第 3 水（灌浆水）的一般比不浇的增产 40~60kg。

第三节　小麦生产中基肥的施用

在研究和掌握小麦需肥规律和施肥量与产量关系的基础上，依据当地的气候、土壤、品种、栽培措施等实际情况，确定小麦肥料的运筹技术，提高肥料利用效率。根据肥料施用的时间和目的不同，可将小麦肥料划分为基肥（底肥）和追肥。基肥可以提供小麦整个生育期对养分的需要，对于促进麦苗早发，冬前培育壮苗，增加有效分蘖和壮秆大穗具有重要的作用。基肥的种类、数量和施用方法直接影响基肥的肥效。

一、基肥的种类与施用量

（1）基肥的种类。基肥以有机肥、磷肥、钾肥和微肥为主，速效氮肥为辅。有机肥具有肥源广、成本低、养分全、肥效缓、有机质含量高、能改良土壤理化特性等优点，对各类土壤和不同作物都有良好的增产作用。因此，在施用基肥时应坚持增施有机肥，并与化肥搭配使用。

（2）基肥的用量。基肥使用量要根据土壤基础肥力和产量水平而定。一般麦田每亩施优质有机肥 5 000kg 以上，纯氮（N）9~11kg（折合尿素 20~25kg），纯磷（P_2O_5）6~8kg（折合过磷酸钙 50~60kg 或磷酸二铵 20~22kg），纯钾（K_2O）9~11kg（折合氯化钾 18~22.5kg），硫酸锌 1~1.5kg（隔年施用），推广应用腐殖酸生态肥和有机无机复合肥，或每亩施三元复合肥（N、P_2O_5、K_2O 含量分别为 20%、13%、12%）50kg。大量小麦肥料试验证明，土壤基础肥力较低和中低产水平的麦田，要适当加大基肥使用量，速效氮肥基肥与追肥用量之比以 7：3 为宜；土壤基础肥力较高和高产水平的麦田，要适当减少基肥使用量，速效氮肥的基肥与追肥用量之比以 6：4（或 5：5）为宜。

二、小麦生产的基肥施用技术

小麦基肥施用技术有将基肥撒施于地表面后立即耕翻和将基肥施于垄沟内边施肥边耕翻等方法。对于土壤质地偏黏，保肥性能强，又无灌水条件的麦田，可将全部肥料一次施作基肥，俗称"一炮轰"。具体方法是，把全量的有机肥、2/3 氮、磷、钾化肥撒施地表后，立即深耕，耕后将余下的肥料撒到垄头上，再随即耙入土中。对于保肥性能差的沙土或水浇地，可采用重施基肥、巧施追肥的分次施肥方法。即把 2/3 的氮肥和全部的磷钾肥、有机肥作为基肥，其余氮肥作为追肥。微肥可作基肥，也可拌种。作基肥时，由于用量少，很难撒施均匀，可将其与细土掺和后撒施于地表，随耕入土。用锌、锰肥拌种时，每千克种子用硫酸锌 2~6g、硫酸锰 0.5~1g，拌种后随即播种。

第三章 小麦田间管理

在小麦生长发育过程中，麦田管理有三个任务：一是通过肥水等措施满足小麦的生长发育需求，保证植株良好发育；二是通过保护措施防御（治）病虫草害和自然灾害，保证小麦正常生长；三是通过促控措施使个体与群体协调生长，并向栽培的预定目标发展。根据小麦生长发育进程，麦田管理可划分为苗期（幼苗阶段）、返青期、中期（器官建成阶段）和后期（籽粒形成、灌浆阶段）四个阶段。

第一节 小麦苗期管理

一、苗期的生育特点与调控目标

小麦苗期有年前（出苗至越冬）和年后（返青至起身前）两个阶段。这两个阶段的特点是以长叶、长根、长蘖的营养生长为中心，时间长达 150 余天。出苗至越冬阶段的调控目标是：在保证全苗基础上，促苗早发，促根增蘖，安全越冬，达到预期产量的壮苗指标。一般壮苗的特点是，单株同伸关系正常，叶色适度。冬性品种，主茎叶片要达到 7~8 叶，4~5 个分蘖，8~10 条次生根；半冬性品种，主茎叶片要达到 6~7 叶，3~4 个分蘖，6~8 条次生根；春性品种主茎要达到 5~6 叶，2~3 个分蘖，4~6 条次生根。群体要求，冬前总茎数为成穗数的 1.5~2 倍，常规栽培下为 1 050 万~1 350万/hm²，叶面积指数 1 左右。返青至起身阶段的调控目标是：早返青，早生新根、新蘖，叶色葱绿，长势苗壮，单株分蘖敦实，根系发达。群体总茎数达 1 350 万~1 650万/hm²，叶面积指数 2 左右。

二、苗期管理措施

（1）查苗补苗，疏苗补缺，破除板结小麦。齐苗后要及时查苗，如有缺苗断垄，应催芽补种或疏密补缺，出苗前遇雨应及时松土破除板结。

（2）灌冬水。越冬前灌水是北方冬麦区水分管理的重要措施，保护麦苗安全越冬，并为早小麦生长创造良好的条件。浇水时间在日平均气温稳定在 3~4℃时，水分夜冻昼消利于下渗，防止积水结冰，造成窒息死苗，如果土壤含水量高而麦苗弱小可以不浇。

（3）耙压保墒防寒。北方广大丘陵旱地麦田，在小麦入冬停止生长前及时进行耙压覆沟（播种沟），壅土盖蘖保根，结合镇压，以利于安全越冬。水浇地如果地面有裂缝，造成失墒严重时，越冬期间需适时耙压。

（4）冬小麦化学除草。麦田杂草有 2 次出苗高峰期，第一次在冬前小麦播种后 20~30 天，这一时期出苗杂草约占杂草总数的 90%，以播娘蒿（麦蒿）、荠菜、麦家公、米瓦罐、猪殃殃、雀麦、节节麦等为主；第二次出苗高峰期为第二年的 4 月即小麦返青后，有田旋花、扁蓄、灰菜、葎草等杂草。在小麦生产中，冬前比春季进行化学除草效果更好，一是冬前杂草刚出土，草小耐药性差，用药量少成本低；二是冬前施药，麦苗未封行杂草的裸露面积大，有利于杂草吸收较多的药剂，获得较好的除草效果，冬前用药安全间隔期长，对下茬作物安全；三是杂草除得早，减少与小麦共生时间，可使小麦吸收更多的水分和养分，利于小麦形成壮苗，提高产量。

冬前化学除草施药时间在小麦3叶期后，杂草基本出齐且组织细嫩时效果最佳，一般以11月中下旬至12月上旬，即小麦播种后30天左右为宜。为确保防效，各地区应该在气温10℃以上晴好天气，土壤墒情好时施药。结合生产实践，可以选择在灌溉或雨后晴好无风天气进行，保证施药后8~12小时无降雨发生。

防除阔叶性杂草如猪殃殃、播娘蒿和荠菜等，每亩用10%苯碘隆10g或75%巨星1g，对水40kg均匀喷雾，防效可达95%以上。对禾本杂草如野燕麦、节节麦和蜡烛草等防除，每亩用6.9%骠马40~50ml或3%世玛20~25ml，并加该产品助剂50~100ml混合，对水40kg均匀喷雾，防效可达85%以上。

（5）返青管理。北方麦区返青时须顶凌耙压，起到保墒与促进麦苗早发稳长的目的。一般已浇越冬水的麦田或土壤墒情好的麦田，不宜浇返青水，待墒情适宜时锄划；缺肥黄苗田可趁春季解冻"返浆"之机开沟追肥；早年、底墒不足的麦田可浇返青水。

（6）异常苗情的管理。异常苗情，一般指僵苗、小老苗、黄苗、旺苗。僵苗指生长停滞，长期停留在某一个叶龄期，不分蘖，不发根。小老苗指生长出一定数量的叶片和分蘖后，生长缓慢，叶片短小，分蘖同伸关系被破坏。形成以上两种麦苗的原因是：土壤板结，透气不良，土层薄，肥力差或磷、钾养分严重缺乏，可采取疏松表土，破除板结，结合灌水，开沟补施磷、钾肥。对生长过旺麦苗及早镇压，控制水肥，对地力差，由于早播形成的旺苗，要加强管理，防止早衰。因欠墒或缺肥造成的黄苗，酌情补肥水。

第二节　小麦返青期管理

一、早春楼麦锄划

返青后各类麦田均应锄划保墒，群体充足的麦田要深锄，控制春季无效分蘖的产生，减少养分消耗；弱苗麦田要多次浅锄细锄，提高地温，促进春季分蘖产生；枯叶多的麦田，返青前要用竹耙等工具清除干叶，以增加光照。另外，早春锄划也可以消除杂草。

锄划应在3月上旬的返青前后进行。对有旺长趋势的麦田，从返青到起身期都可以适当深锄断根，抑制小麦春季无效分蘖，以保证小麦成穗质量和群体质量。

二、因苗管理

返青期施肥浇水使春生分蘖增加10%~20%，两极分化时小蘖死亡过程延缓，分蘖成穗率提高，但穗子不齐（下棚穗多），主茎或低位蘖的小穗数增加，最后几片叶的面积增大，茎节间比不施肥浇水者略长。因此，返青期要针对不同麦田和苗情进行合理运用，见下图。

（1）壮苗和旺苗管理。对冬前总茎数70万~90万/亩的壮苗或90万~110万/亩的旺苗，只要冬前肥水充足，在返青期一般不施肥水。关键措施是锄划松土，以通气增温保

图　返青期麦田

墒，促进麦苗早发快长。如因冬前过旺出现脱肥或苗情转弱，可以提前施起身肥水。

（2）中等苗情管理。对冬前总茎数 50 万～60 万/亩的中等苗，为了保冬蘖，争春蘖，抓穗数，应及时追返青肥，浇返青水。

（3）晚播弱苗管理。以锄划增温、促苗早发为中心，待分蘖和次生根长出，气温也较高时，再追肥浇水。如果墒足而缺肥，可以在早春刚化冻时借墒施肥。

（4）其他异常苗情管理。异常苗情一般指"僵苗""小老苗""黄苗"等。"僵苗"指生长停滞，长期处在某一叶龄期，不分蘖，不发根。"小老苗"指生长到一定数量叶片和分蘖后，生长缓慢，叶片短小，叶蘖同伸关系破坏。造成这两种苗情的原因是土壤板结，透气不良，土层薄，肥力差或磷钾短缺。可以采取疏松表土、破除板结、开沟补施磷钾肥等措施，并结合浇水。因欠墒或缺肥造成的黄苗，要补施肥水。

三、化学调节

有冻害的麦田，待小麦返青后喷施丰必灵、爱多收等植物生长调节剂，促进麦苗早发快长，一般每亩用丰必灵或爱多收 3g 对水 15kg 喷雾，间隔 7～10 天，连喷 2～3 次。有旺长趋势的麦田，在起身前后每亩用 20%壮丰安乳油 30～40ml 或 15%的多效唑 30g 对水40kg 喷施，以防后期倒伏。

第三节　小麦中期管理

一、中期生育特点与调控目标

小麦生长中期是指起身、拔节至抽穗前，该阶段的生长特点是根、茎、叶等营养器官与小穗、小花等生殖器官的分化、生长、建成同时进行。在这个阶段由于器官建成的多向性，小麦生长速度快，生物量骤增，带来了群体与个体的矛盾，以及整个群体生长与栽培环境的矛盾，形成了错综复杂相互影响的关系。这个阶段的管理不仅直接影响穗数、粒数的形成，而且也将关系到中后期群体和个体的稳健生长与产量形成。这个阶段的栽培管理目标是：根据苗情适时、适量地运用水肥管理措施，协调地上部与地下部、营养器官与生殖器官、群体与个体的生长关系，促进分蘖两极分化，创造合理的群体结构，实现秆壮、穗齐、穗大，并为后期生长奠定良好基础。

二、中期管理措施

（1）起身期。小麦基部节间开始伸长，麦苗由匍匐转为直立，故称为起身期。起身后生长加速，而此时北方正值早春，是风大、蒸发量大的缺水季节，水分调控显得十分重要。若水分管理适宜可提高分蘖成穗和穗层整齐度，促进3、4、5节伸长，促使腰叶、旗叶与倒二叶的增大，还可提高穗粒数。对群体较小、苗弱的麦田，要适当提早施起身肥、浇起身水，提高成穗率；但对旺苗、群体过大的麦田，要控制肥水，在第一节刚露出地面1cm时进行镇压，深中耕切断浮根，也可喷洒多效唑或壮丰安等生长延缓剂，这些措施可以促进分蘖两极分化，改善群体下部透光条件，防止过早封垄而发生倒伏；对一般生长水平的麦田，在起身期浇水施肥，追氮肥施入总量的1/3~1/2；旱地在麦田起身期要进行中耕除草、防旱保墒。

（2）拔节期。此期结实器官加速分化，茎节加速生长，要因苗管理。在起身期追过水肥的麦田，只要生长正常，拔节水肥可适当偏晚，在第一节定长第二节伸长的时期进行；对旺苗及壮苗也要推迟拔节水肥；对弱苗及中等麦田，应适时施用拔节肥水，促进弱苗转化；旱地的拔节前后正是小麦红蜘蛛为害高峰期，要及时防治，同时要做好吸浆虫的掏土检查与预防工作。

（3）孕穗期。小麦旗叶抽出后就进入孕穗期，此期是小麦一生叶面积最大、幼穗处于四分体分化、小花向两极分化的需水临界期，又正值温度骤然升高、空气十分干燥，土壤水分处于亏缺期（旱地）。此时水分需求量不仅大，而且要求及时，生产上往往由于延误浇水，造成较明显的减产。因此，旺苗田、高产壮苗田，以及独秆栽培的麦田，要在孕穗前及时浇水。在孕穗期追肥，要因苗而异，起身拔节已追肥的可不施，麦叶发黄、氮素不足及株型矮小的麦田可适量追施氮肥。

第四节　小麦后期管理

一、后期生育特点与调控目标

后期指从抽穗开花到灌浆成熟的这段时期，此期的生育特点是以籽粒形成为中心，完成小麦的开花受精、养分运输、籽粒灌浆和产量的形成。抽穗后，根茎叶基本停止生长，生长中心转为籽粒发育。据研究，小麦籽粒产量的70%~80%来自抽穗后的光合产物累积，其中旗叶及穗下节是主要光合器官，增加粒重的作用最大。因此，该阶段的调控目标是：保持根系活力，延长叶片功能期，抗灾、防病虫害，防止早衰与贪青晚熟，促进光合产物向籽粒运转、增加粒重。

二、后期管理措施

（1）浇好灌浆水。抽穗至成熟耗水量占总耗水量的1/3以上，每公顷日耗水量达35m³左右。经测定，在抽穗期，土壤（黏土）含水量为17.4%的比含水量为15.8%的旗叶光合强度高28.7%。在灌浆期，土壤含水量为18%的比含水量为10%的光合强度高6倍；茎秆含水量降至60%以下时灌浆速度非常缓慢；籽粒含水量降至35%以下时灌浆停止。因此，应在开花后15天左右即灌浆高峰前及时浇好灌浆水，同时注意掌握灌水时间和灌水量，以防倒伏。

（2）叶面喷肥。小麦生长的后期仍需保持一定营养供应水平，延长叶片功能与根系活力。如果脱肥会引起早衰，造成灌浆强度提早下降，后期氮素过多，碳氮比例失调，易贪青晚熟，叶病与蚜虫为害也较严重。对抽穗期叶色转淡，氮、磷、钾供应不足的麦田，用2%~3%尿素溶液，或用0.3%~0.4%磷酸二氢钾溶液，每公顷使用750~900L进行叶面喷施，可增加千粒重。

（3）防治病虫为害。后期白粉病、锈病、蚜虫、黏虫、吸浆虫等都是导致粒重下降的重要因素，应及时进行防治。

第四章　适时收获与贮藏

第一节　适时收获

收获是小麦栽培全过程的结束。小麦收成的丰歉只有在收割、运输、脱粒、翻晒与入仓等项作业全部完成后才能决定。因此，收获阶段任一措施不当，都会使劳动成果遭受到一定的损失。5月下旬至6月初常有阴雨天气，这不仅给收割、脱粒等工作带来了很多不便，同时还会引起穗发芽或导致种子霉烂。小麦收获适期很短，又正值雨季来临季节，因此，农谚云"麦熟一晌，龙口夺粮"，这充分说明了麦收工作的紧迫性和重要性。因此，麦收工作要及早动手，统筹安排，充分调动人力、物力和财力，抓紧时间，全力以赴，及时收获以防止小麦断穗落粒、穗发芽、霉变等，争取把损失减少到最低限度，达到既增产又增收的目的。

收获过早，籽粒灌浆不充分，千粒重低；收获过晚，呼吸、淋溶作用降低粒重，同时落粒、掉穗也增加损失。农谚说"九成熟，十成收；十成熟，一成丢"就是这个道理。一般认为蜡熟中期到蜡熟末期为适宜收获期：人工收获（割晒—脱粒）时，由于割后至脱粒前有一段时间的后熟过程，故可在蜡熟中期收割；种子田，应以蜡熟末期和完熟初期为宜；而机械（尤其是联合收割机）收获以完熟初期为宜。

小麦在不同适宜收获期的特征如下。

（1）蜡熟中期。植株茎叶全部变黄，下部叶片干枯，穗下节间全黄或微绿，籽粒全部变黄，用指甲掐籽粒可见痕迹，含水量35%左右。

（2）蜡熟末期。植株全部枯黄，茎秆尚有弹性，籽粒较为坚硬，色泽和形状已接近本品种固有特征，含水量为22%~25%。

（3）完熟期。植株全部枯死和变脆，易折穗，落粒，籽粒全部变硬，并呈现本品种固有特征，含水量低于20%。据研究，蜡熟末期人工割收的千粒重比完熟期收获的要高2~4g，产量也提高5%~10%。

第二节　安全贮藏

产品贮藏期间，尤其是在夏季，气温高，湿度大，麦堆易发热、受潮或生虫，所以，在伏天应注意防热，防湿，防虫，防鼠害，以确保安全贮藏。如果贮藏方法不当则易造成霉烂、虫蛀、鼠害、品质变劣等，损失很大。据估算，我国广大农村的粮食贮藏损失为5%左右。因此，贮藏技术不容忽视。

收获脱粒后的种子，应当经过夏季高温暴晒，待种子含水率低于12%~13%，牙咬有响脆声时，于15~16时趁热（麦堆温度45~47℃）进仓。这一措施对麦蛾幼虫、甲虫及螨类害虫等有理想的杀灭效果。

贮藏过程中应注意做到以下两点。

一、含水量要低

谷物含水量和其耐贮性密切相关。水分含量高，呼吸作用强，谷温升高，霉菌、虫害繁殖速度加快，因而粮堆发热，种子和粮食很快损坏。一般情况下，粮食作物（小麦、大麦、水稻、玉米、高粱、大豆等）的安全贮藏水分含量必须维持在 12%~13% 或以下。

二、温湿等贮藏条件适宜

空气湿度对谷物的含水量影响很大。湿度低时谷物内的水分向外散失，含水量下降；湿度高时谷物吸湿，含水量升高。一般情况下，与相对湿度为 75% 相平衡的水分含量为短期储藏的安全水分最大值，与相对湿度 65% 相平衡的水分含量为长期储藏的安全水分最大值。温度对谷物贮藏的影响与含水量同样重要。水分含量与温度两因素决定了谷物的安全储存期限。温度在 15℃ 以下时，昆虫和霉菌生长停止；30℃ 以上时，生长繁殖速度加快。一般要求贮藏期间麦仓内麦堆的温度均匀一致。

第五章　小麦病虫害绿色防控技术

绿色防控是指从农田生态系统整体出发，以农业防治为基础，积极保护利用自然天敌，恶化病虫的生存条件，提高农作物抗虫能力，在必要时合理的使用化学农药，将病虫为害损失降到最低限度。它是持续控制病虫灾害，保障农业生产安全的重要手段。是通过推广应用生态调控、生物防治、物理防治、科学用药等绿色防控技术，以达到保护生物多样性，降低病虫害暴发概率的目的，同时它也是促进标准化生产，提升农产品质量安全水平的必然要求，也是降低农药使用风险、保护生态环境的有效途径。

第一节　植物检疫

小麦引种一定要通过供种地农业行政主管部门植物检疫机构检疫。发现有检疫性病、虫、草等有害生物则坚决不能引进。种植后如发现疑似检疫性病、虫、草等有害生物，一定要报告当地农业行政主管部门植物检疫机构采取处理措施。小麦主要检疫性病虫草害有如下几种。

毒麦幼苗基部紫红色，后变成绿色，成株茎秆光滑坚硬，肥沃田中植株比小麦矮，瘠薄田中比小麦植株高，穗形狭长，穗轴平滑，两侧有轴沟，呈波浪形弯曲，每穗有八九个小穗，互生于穗轴上。每个小穗 2~6 个花，排成 2 列，其腹面可见明显的小穗节段。小穗第一颖缺，第二颖大，长短与小穗差不多，俗称小尾巴麦子。

小麦线虫病小麦抽穗后症状特别明显，颖片张开，凌乱，穗较短小，有芒品种呈钝角状横向或扭曲。病穗绿色较健穗为深，变黄也稍脆。病穗的全部或部分籽粒变成虫瘿，虫瘿最初青绿色，以后变为紫褐色，外壁增厚，比麦粒短而圆，坚硬而不易被掐碎。如将虫瘿切开，加水 1 滴，稍后即有白色丝状物游出，此为线虫。

小麦全蚀病拔节后，病株表现矮小，叶片稀疏，自上而下发黄，极易识别。病菌侵染部位仅限根部和茎基部 15cm 以下。小麦灌浆至成熟期，病株早枯，穗部发白，远看与健株形成明显对照。在土壤湿润条件下，全蚀病的外生菌丝在茎基一二节处大量繁殖，形成许许多多菌丝结，重叠缠绕在茎基表面，形成一层黑色菌丝鞘。愈向茎的较低部位，菌丝病愈紧密，颜色愈深，群众称之为"黑膏药"或"黑脚"早死病株地面叶鞘内则生有黑色颗粒突起，即子囊壳。病株须根呈黑色，可见组织内部（根轴）也呈黑色"白穗""黑膏药"和"黑根"。

小麦普通腥黑穗病当小麦将成熟而健穗变黄时，病穗一般较矮，颜色较健穗深，保持灰绿色或灰白色。病穗典型特征是颖片张开，露出灰黑色或灰白色菌瘿。菌瘿外面有一层灰色薄膜，用手指微压，容易破裂，散发黑色粉末。病穗的籽粒多变为瘿，但也有部分小穗仍为健粒。

小麦检疫对象还有小麦矮腥黑穗病、黑森瘿蚊。

第二节　生态防控技术

生态控制技术是采用人工调节的方式，改善农作物与有害（有益）生物、环境与生物之间的关系，实现通过调节达到保护益虫、消灭害虫、提高防控效益的目的。麦田是多种天敌的越冬场所和早春繁殖基地，保护好麦田天敌不仅有利于控制小麦害虫，而且也是后茬作物害虫天敌的主要来源，应注意保护利用。在麦田畦埂点播春玉米和麦田套种棉花、花生等种植方式，提高田间天敌发生的自然景观连接度，实现天敌由一种生境向另一种生境转移和繁殖提供廊道，有效地保护利用天敌，控制有害生物，增强生态控制作用。

第三节　理化诱控技术

理化诱控根据害虫趋光、趋化等行为习性，人为设置色板、灯光、气味剂等诱集杀灭害虫。

（一）物理诱控及应用

物理诱控主要有杀虫灯诱杀、色板诱杀、防虫网诱杀。杀虫灯有太阳能和交流电两种，主要用于小麦蚜虫、麦叶蜂等害虫的防治。色板诱虫是利用害虫对颜色的趋向性，通过板上黏虫胶防治虫害，应用广泛的为黄板、蓝板及信息素板，对小麦蚜虫的防治有着较好的效果。以小麦黏虫为例，可于成虫期于田间均匀安置杀虫灯，夜间诱杀成虫效果显著。物理诱控技术进行被广泛应用于田间作物虫害防治。

（二）糖醋诱控及应用

糖醋诱控是一项新技术，可取红糖350g、白酒150g、醋500g、水250g，上述混合加入90%的晶体敌百虫15g，制成诱液放置在盆内，于田间1m处可有效诱杀黏虫的成虫。

第四节　生物防治技术

生物防控以保护害虫天敌为主要目的，国内瓢虫、捕食螨、丽蚜小蜂等等应用较为广泛。

（一）寄生天敌防控及应用

较为常见的寄生天敌有姬蜂、茧蜂、蚜茧蜂、大腿小蜂、蚜小峰、金小蜂等，在农作物虫害防治中都有所应用。农作物生产中应用价值最大的有赤眼蜂、丽蚜小蜂、平腹小蜂等。

（二）捕食天敌防控及应用

捕食天敌被用于生物防治的效果较好，推广范围较大。统计比较分析，小麦害虫主要有蚜虫、小麦吸浆虫和麦圆红蜘蛛等，对应天敌为瓢虫、食蚜蝇、草蛉、猎蝽和蜘蛛。保护寄生天敌防控害虫的做法由来已久，其中农作物生产中应用价值最大的有瓢虫、食蚜蝇等。

第五节　科学合理安全使用农药

根据无公害农产品生产要求，在小麦标准化生产过程中，农药使用的原则是：优先使用生物和生化农药，严格控制化学农药使用；必要时应选用"三证号"齐全的农药，即农药登记证号、农药生产批准证号、执行标准号；选用高效、低毒、低残留、环境兼容性好的化学农药；每种有机合成农药在小麦生长期内应尽量避免重复使用。杜绝使用禁用农药。一是以看麦娘、日本看麦娘为主的麦田，每亩用大能 50g/L 唑啉·炔草酯乳油 60~80ml 或骠马 6.9% 精恶唑禾草灵水乳剂 80~100ml，对水 40kg，在杂草齐苗后喷雾；二是以硬草、茵草为主的小麦田，可选用 25% 异丙隆可湿性粉剂、50% 异丙隆可湿性粉剂，每亩用有效成分 75g，在播种后至麦苗 3 叶期，对水 40~50kg 喷雾，杂草出齐后每亩用大能 50g/L 唑啉·炔草酯乳油 70~90ml 或骠马 6.9% 精恶禾草灵水乳剂 90~110ml 或麦极 15% 炔草酯可湿性粉剂 30~40ml，对硬草、茵草也有较好的防除效果。三是以猪殃殃、荠菜等阔叶杂草为主的小麦田，在冬前选用使它隆 20% 氯氟吡氧乙酸乳油（每亩 20~25ml）、使甲合剂（每亩用使它隆 20% 氯氟吡氧乙酸乳油 20~25ml、20% 二甲四氯水剂 150ml 喷雾）防治。也可以选用奔腾 36% 唑草苯磺隆可湿性粉剂，杂草出齐后每亩用 5~7.5g 喷雾。

第六章 小麦病害及防治

第一节 小麦锈病

【分布与为害】

小麦锈病包括条锈病、叶锈病和秆锈病三种，是小麦最重要的病害和主要防治对象。我国以小麦条锈病发生最为广泛，黄淮、华北、西北和西南各省区受害最重。

【症状与诊断】

1. 条锈病

条锈病主要发生在叶片上，也为害叶鞘、茎、颖壳和芒（图6-1、图6-2）。夏孢子堆较小，鲜黄色，长椭圆形。在成株叶片上沿叶脉排列成行，"虚线"状，覆盖夏孢子堆的表皮开裂不明显。在生长末期，夏孢子堆附近出现冬孢子堆。冬孢子堆也较小，狭长形，黑色，成行排列，覆盖孢子堆的表皮不破裂。

图6-1 叶片条锈病症状

图6-2 颖壳条锈病症状

2. 叶锈病

叶锈病主要发生在叶片上，也为害叶鞘。夏孢子堆较小，橘红色，圆形至长椭圆形，不规则散生，多生于叶片正面，覆盖夏孢子堆的寄主表皮均匀开裂（图6-3、图6-4）。在幼苗叶片上，也保持这些特点。叶锈病菌的冬孢子堆较小，圆形至长椭圆形，黑色，散生，表皮不破裂。

3. 秆锈病

主要发生在叶鞘和茎秆上，也生于叶片和穗上。夏孢子堆大，褐色，长椭圆形至长方形，隆起较高，不规则散生，可相互愈合。覆盖孢子堆的寄主表皮大片开裂，常向两侧翻卷（图6-5、图6-6）。冬孢子堆也较大，长椭圆形至狭长形，黑色，无规则散生，表皮破裂，卷起。

图6-3 叶锈病症状

图6-4 叶锈菌夏孢子堆

图6-5 秆锈病症状

图6-6 颖壳上的秆锈菌

4. 抗病品种症状

小麦抗病品种的症状与感病品种有明显区别，此种区别用"反应型"表示。反应型表示夏孢子堆及其周围叶组织（病斑）的综合特征。抗病品种不产生夏孢子堆，或夏孢子堆小，周围叶组织枯死。感病品种的夏孢子堆大，周围组织无变化或仅有轻度失绿。

【防治措施】

1. 种植抗病品种

锈病是大区流行病害，在锈菌越夏区、越冬区和春季流行区，要分别种植具有不同抗病基因的小麦品种，实行品种合理布局，这对于切断锈菌的周年循环，减少菌源数量，减缓新小种的产生有重要作用。搞好合理布局，就可以延长抗锈品种使用年限，有效防止锈病大范围严重流行。

2. 栽培防病

要加强田间管理，施用腐熟有机肥，增施磷肥、钾肥，搞好氮、磷、钾肥的合理搭配，增强小麦长势。施用速效氮肥不宜过多、过迟，避免麦株贪青晚熟，以减轻发病。要合理灌水，雨后及时排水，降低田间湿度，但发病重的田块需适当灌水，维持病株水分平衡，减少产量损失。

3. 药剂防治

当前主要使用三唑类内吸杀菌剂，常用品种为三唑酮（粉锈宁），该剂兼具保护与治疗作用，内吸传导性能强，持效期长，用药量低，防病保产效果高，是比较理想的防锈药剂品种。三唑类内吸杀菌剂还可兼治小麦白粉病、黑粉病、全蚀病、纹枯病和雪霉叶枯病等。常用剂型有15%三唑酮可湿性粉剂、25%三唑酮可湿性粉剂、20%三唑酮乳油等，可用于拌种与叶面喷雾。

第二节 小麦白粉病

【分布与为害】

小麦白粉病广泛分布于我国各小麦产区，原在山东沿海、四川、贵州、云南、河南发生普遍，为害严重，20世纪80年代以来，由于水肥和播种密度增加，该病在东北、华北、西北麦区也日趋严重。小麦受害后，可致叶片早枯，分蘖数减少，成穗率降低，千粒重下降。一般可造成减产10%左右，严重的达50%以上，是影响小麦生产的主要病害之一。

【症状与诊断】

小麦白粉病在小麦各生育期均可发生，能够侵害小麦植株地上部各器官，主要为害叶片，也可为害叶鞘（图6-7）、茎秆、穗部颖壳和麦芒。小麦白粉病病菌是一种表面寄生菌，以吸胞伸入寄主表皮细胞吸取寄主营养，病菌菌丝体在病部表面形成绒絮状霉斑，上有一层粉状霉。霉斑最初为白色，后渐变为灰色至灰褐色（图6-8、图6-9），后期上面散生黑色小点，即病原菌的闭囊壳。

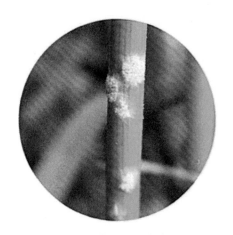

图6-7 小麦白粉病叶鞘症状　　图6-8 小麦白粉病，发病初期，叶部白色粉状霉层

图 6-9　小麦白粉病，发病后期，叶部灰褐色霉斑

【防治措施】

1. 农业防治

选用抗（耐）病品种。大力推广秸秆还田技术，麦收后及时耕翻灭茬，铲除杂草及自生麦苗，清洁田园；合理密植和施用氮肥，适当增施有机肥和磷钾肥；改善田间通风透光条件，降低田间湿度，增强植株的抗病能力。

2. 化学防治

（1）种子处理。用 6% 戊唑醇悬浮剂 50ml，拌小麦种子 100kg。

（2）早春防治。早春病株率达 15% 时，用 15% 三唑酮可湿性粉剂每亩 50~75g，对水 40~50kg 喷雾，能取得较好的防治效果。

（3）生长期施药。孕穗期至抽穗期病株率达 15% 或病叶率达 5%，每亩用 15% 三唑酮可湿性粉剂 60~80g 或 12.5% 烯唑醇可湿性粉剂 30~40g 或 75% 拿敌稳水分散粒剂 10g 或 25% 丙环唑乳油 25~40ml 或 40% 多·酮可湿性粉剂 75~100ml，对水 40~50kg 喷雾。

第三节　小麦全蚀病

【分布与为害】

全蚀病是小麦的重要土传病害，多分布在西北春麦区、北方冬麦区和长江中下游麦区。据不完全统计，国内已有 18 个省区发生了全蚀病。全蚀病为害小麦根部和茎基部，阻断或减少水分、养分的吸收与输导，病重的幼苗枯死，成株形成白穗，稍轻者病株矮小瘦弱，分蘖减少，成穗数、穗粒数减少，千粒重降低。一般轻病地减产 10%~20%，重病地减产 50% 以上，乃至绝收。发病越早，损失也越大。

【症状与诊断】

苗期和成株期都可发病。幼苗种子根、地中茎和分蘖节腐烂，变为黑色或褐色，严重时死苗。即使能够存活的幼苗，生长发育也严重受抑，病苗基部叶片变黄，心叶内卷，叶色变浅，分蘖减少。拔节后病株明显矮化，叶片自下向上变黄，类似干旱、缺肥的症状（图 6-10）。

成株种子根、次生根大部分变黑腐烂。横剖病根，可见内部根轴也变黑色。发病部位还上升到茎基部，使茎秆和叶鞘都发黑腐烂（图6-11）。灌浆至乳熟期茎基部的症状最典型，剥开茎基部地上1~2节的叶鞘，可见叶鞘内侧和茎秆表面有黑色膏药状物，这是病原菌的菌丝层（图6-12），还可见黑色颗粒状的突起物，这是病原菌的子囊壳。抹去菌丝层，茎部表面有条点状黑斑。这是全蚀病的典型症状，称为"黑脚"或"黑膏药"，多在湿度较高的麦田中产生。

图6-10　全蚀病苗期发病

图6-11　根部和茎基部变黑腐烂（黑脚）

图6-12　茎基部叶鞘内侧的黑色菌丝层

在土壤干燥的情况下，多不形成"黑脚""黑膏药"症状，也不产生子囊壳，仅根部有不同程度的变黑腐烂或变褐腐烂，有时仅仅根尖部分变黑，腐烂症状明显受到抑制。此时难以发现和鉴别，易被忽略。

全蚀病是一种典型根部病害。病原菌侵染的部位只限于麦株根部和茎基部，地上部症状是根和茎基部受害所引起的。病株穗子早枯，成为"白穗"，是田间最醒目的症状。在零星发病田，病株少而分散，有时白穗成簇出现，成为大小不一的发病中心。发病较重的地块大片发病，白穗增多，甚至遍布全田。发病区域内植株枯黄，矮而稀疏，整个麦田冠层高低不平。有经验的植保技术员，一望而知是小麦全蚀病。

由于环境条件、土壤菌量和根部受害程度的不同，田间病株症状的显现期和症状严重程度也不一致。如前所述，在出现典型的"黑脚"和"黑膏药"症状时，容易识别。在单纯表现死苗或根腐时，需仔细观察，与其他根部病害相区分。出现白穗，但无"黑脚"等典型症状时，需与麦穗生理性枯熟以及根腐病、纹枯病或地下害虫为害造成的白穗区分。

在不出现典型症状，难以根据田间症状作出诊断结论时，需进一步做实验检查。可将可疑根段用常规方法透明染色，用显微镜检查，若是全蚀病，可在根表看到粗壮的黑褐色匍匐菌丝、菌丝结、附着枝等结构。另外，还可以将可疑病株基部插入湿沙中，在 16~25℃温度和有光照的田间下保湿，诱发产生子囊壳。

该菌寄主范围很广，对 350 余种禾本科植物有致病性。有 4 个变种，即小麦变种、燕麦变种、禾谷变种和玉米变种。变种间致病性有明显差异，小麦变种对小麦、大麦致病性强，对黑麦、小黑麦致病性较强，对燕麦致病性较弱或不能致病。

【防治措施】

无病区应严密防止传入，初发病区要采取扑灭措施，挖除病株，深翻倒土，改种非寄主作物，普遍发病区应以农业措施为基础，有重点地施用药剂，实行综合防治。

1. 严防传入

全蚀病已在多个省区发生，因而没有列入全国农业植物检疫性有害生物名单，但有部分省区已将小麦全蚀病菌列为补充检疫性有害生物，不由发病区调种，对调运的麦种实行检疫，严防传入。

2. 早期扑灭

在新发病区，田间零星发病，出现发病中心。在发病期间要仔细进行田间检查，确定发病中心的位置，在麦收前用撒石灰的办法或其他标记方法，划出发病中心的范围，收获时将划定区段的麦茬留高，与无病区域明显区分。麦收以后，将划定区段内的根茬连同根系全都挖出烧毁，发病中心的土壤也要挖出，移走深埋。不得用病土垫圈、沤肥。病田改种非寄主作物。

3. 栽培防治

在已经普遍发病的地区，轮作是防治全蚀病最有效的措施，轮作方式应因地制宜。稻、麦两熟轮作，棉、麦两熟轮作，以及小麦与烟草、瓜菜、马铃薯、胡麻、甜菜等非禾本科作物轮作，效果都很好。

4. 药剂防治

种子处理主要用三唑类药剂。15% 三唑酮可湿性粉剂或 15% 三唑醇（百坦）拌种剂，可用种子重量 0.3%（0.2%~0.4%）的药量干拌种子。20% 三唑酮乳油 50ml 或 15% 三唑酮可湿性粉剂 75~150g，对水 2~3L，可喷拌麦种 50kg，已拌药种子在晾干后播种。25% 丙环唑（敌力脱）乳油用 120~160ml，拌 100kg 种子。

第四节　小麦纹枯病

【分布与为害】

小麦纹枯病又称立枯病、尖眼点病，广泛分布于我国小麦产区，近年来为害有加重趋势。主要为害小麦叶鞘、茎秆，小麦受害后，轻者因输导组织受损而形成枯白穗，籽粒灌浆不足，千粒重降低；重者造成小麦单株或成片死亡（图6-13）。一般减产10%左右，严重者减产30%~40%，是影响小麦产量和品质的主要病害之一。

图6-13 小麦纹枯病，大田为害状

【症状与诊断】

小麦纹枯病主要侵染小麦叶鞘和茎秆，小麦受害后，在不同生育阶段所表现的症状不同。幼苗发病初期，在地表或近地表的叶鞘上产生黄褐色椭圆形或梭形病斑（图6-14、图6-15），后病部颜色变深，病斑逐渐扩大而相连形成云纹状，并向内侧发展为害茎秆，重病株基部一二节变黑甚至腐烂死亡，形成枯白穗。潮湿条件下，病部出现白色菌丝体，有时出现白色粉状物，后期在病部形成黑色或褐色菌核（小黑点）。

图6-14 发病初期，近地表叶鞘上的病斑

图6-15 发病初期，基部叶鞘上的黄褐色病斑

【防治措施】

防治上应强化农业防治，即种子处理与生长期防治相结合的综合防治措施。

1. 农业防治

选用抗（耐）病品种，合理轮作；科学配方施肥，增施腐熟的有机肥，忌偏施、过量施用氮肥，控制小麦旺长；适期迟播，合理密植，培育壮苗，防止田间郁闭；合理浇水，忌大水漫灌，雨后及时排涝，做到田间无积水，保持田间较低的湿度。

2. 化学防治

（1）药剂拌种。用6%戊唑醇悬浮种衣剂50~65ml或3%苯醚甲环唑悬浮种衣剂200~300ml或15%三唑醇可湿性粉剂200~300g，拌麦种100kg。拌种时应严格控制用药量，避免影响种子发芽。

（2）生长期防治。在小麦返青至拔节前，田间平均病株率达10%~15%时应迅速防治。每亩用5%井冈霉素水剂100~150ml或20%井冈霉素可湿性粉剂30g，对水60~75kg喷雾；或12.5%烯唑醇可湿性粉剂45~60g或25%丙环唑乳油30~40g，对水40~50kg喷雾。喷雾时要重点喷洒小麦茎基部，使植株中下部充分着药，提高防治效果。

第五节　小麦赤霉病

【分布与为害】

赤霉病是小麦的重要病害，分布于全国各地，长江中下游冬麦区发生最重，其次为西南、华南冬麦区和东北春麦区。病原菌主要为害穗部，引起穗腐，也可引起苗腐、茎基腐等症状。穗部受害后，穗粒数和千粒重减低，严重减产。在长江中下游冬麦区，大流行年份的小麦病穗率达50%~100%，产量损失20%~40%；中度流行年份病穗率30%~50%，产量损失10%~20%。另外，病籽粒出粉率低，面粉质量差，蛋白质和面筋含量减少，商品价值降低。病籽粒还含有脱氧雪腐镰刀菌烯醇（DON）等多种真菌毒素，引起人畜急性中毒。病粒率高的不能加工面粉食用，小麦病粒的最大允许含量为4%。病籽粒发芽率很低，也不能种用。

【症状与诊断】

赤霉病病穗在籽粒灌浆到乳熟期出现明显症状。初期病小穗颖片基部出现褐色水浸状病斑，逐渐扩展到整个小穗，病小穗褪绿发黄。个别小穗、小花发病后，迅速向其他小花、小穗扩展，使病小穗数不断增多。另外，穗颈、穗轴或小穗轴也变褐腐烂，致使病变部位以上的小穗全部枯黄（图6-16）。受害的小穗不结实，或病粒皱缩干秕（图6-17）。天气潮湿时，颖片合缝处和小穗上产生粉红色霉层，为病原菌的分生孢子座和分生孢子（图6-18）。霉状物被雨水或露水分散后，显露出黑褐色的病斑。发病后期若多雨高湿，病小穗基部和颖片上聚生蓝黑色的小颗粒，为病原菌的子囊壳。有时枯死的穗部滋生腐生真菌，产生黑色霉层。发病较轻时，仅部分麦穗罹病，严重发病时，几乎全田麦穗变色枯腐。病穗所结出的籽粒皱缩，表面呈变污白色或紫红色。

【防治措施】

防治赤霉病，应在推广种植耐病品种，加强健身栽培的基础上，抓住小麦抽穗扬花期的关键时期，主动施药预防，遏制病害流行。

1. 种植耐病、抗病品种

我国有一批优良抗源材料，例如苏麦3号、望水白、宁7840等，已经广泛用于抗病育种。但当前可用的综合性状好的抗病品种甚少，在常发流行地区应优先选用，若无抗病品种可用，应尽量选用耐病、轻病品种。

图6-16　穗部和茎秆部发病

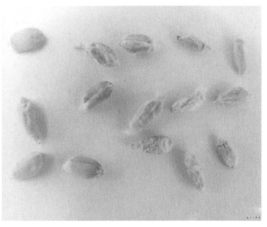

图6-17　赤霉病麦粒

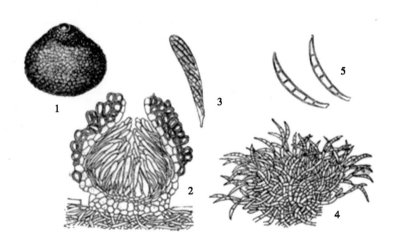

图6-18　子囊壳与分生孢子显微镜图

1. 子囊壳；2. 子囊壳剖面；3. 子囊；4. 分生孢子座；5. 分生孢子

2. 栽培防病

改进灌溉技术，排灌结合，做到田间沟渠通畅，防止积水，消除渍害，降低地下水位和田间湿度。实行健身栽培，按需施肥，平衡施肥，适当增施磷、钾肥，防止氮肥追施过晚。南方稻田应深耕灭茬，北方小麦玉米复种地区应种植抗茎腐病的玉米杂交种，玉米收获后清除或翻埋残秆，减少田间菌源。

3. 药剂防治

在病情预测预报的指导下，及时喷药防治。常用药剂和用药量如下：80%多菌灵可湿性粉剂，每亩用药50g，40%多菌灵悬浮剂用150ml，70%甲基硫菌灵可湿性粉剂用50～70g，33%多·酮可湿性粉剂（苏锐、纹霉净）用100～130g，36%多·酮悬浮剂（粉霉灵）用70～145g。常量喷雾用水量每亩30～50kg，低量喷雾用水量每亩10～15kg。

第六节　小麦叶枯病

【分布与为害】

　　小麦叶枯病是引起小麦叶斑和叶枯类病害的总称，广泛分布于我国小麦种植区。小麦叶枯病通常分为黄斑叶枯病、雪霉叶枯病、链格孢叶枯病、根腐叶枯病、壳针孢叶枯病和葡萄孢叶枯病等。多雨年份和潮湿地区发生比较严重。一般减产 10%～30%，重者减产50%以上。

　　小麦叶枯病多在抽穗期发生，主要为害叶片和叶鞘。一般先从下部叶片开始发病枯死，逐渐向上发展（图 6-19、图 6-20）。发病初期叶片上生长出卵圆形淡黄色至淡绿色小斑，以后迅速扩大，形成不规则黄白色至黄褐色大斑块（图 6-21、图 6-22）。

图 6-19　小麦叶枯病，下部叶片发病

图 6-20　小麦叶枯病，上部叶片发病

图 6-21　小麦叶枯病，发病初期

图 6-22　小麦叶枯病，发病后期的病叶

【防治措施】

　　1. 农业措施

　　选用无病种子，适期适量播种。施足底肥，科学配方施肥。控制田间群体密度，改善

通风透光条件。合理灌水，忌大水漫灌。

2. 化学防治

小麦抽穗扬花期是防治叶枯病的关键时期，每亩用12.5%烯唑醇可湿性粉剂25～30g或20%三唑酮乳油100ml对水50kg均匀喷雾；也可用50%多菌灵可湿性粉剂1 000倍液或50%甲基硫菌灵可湿性粉剂1 000倍液或75%百菌清可湿性粉剂500～600倍液喷雾，间隔5～7天再补防1次。

第七节　小麦黑胚病

【分布与为害】

黑胚病又称为黑点病，为害小麦籽粒，产生黑胚，受害籽粒俗称黑胚粒。黑胚病严重降低种子的发芽率和发芽势，幼苗的株高、鲜重、干重和分蘖数等都有降低。含有黑胚粒的小麦，商品价值和作为商品小麦的等级降低。在我国普通小麦质量标准（GB 1351—1999）中，将黑胚粒归入不完善粒，三级以上的商品小麦不完善粒含量不高于6%，四级小麦不高于8%，五级小麦不高于10%。

【症状与诊断】

黑胚病罹病籽粒形态多无明显变化，但胚部变黑色或黑褐色，严重的种胚还表现皱缩（图6-23）。因病原菌种类不同，病粒症状略有变化，有的除胚端外，在籽粒的腹沟、背面等部位也有黑褐色斑块，变色面积甚至可能达到籽粒表面的1/2以上。几种病原菌常复合侵染，不能简单地由症状差异，推断病原菌种类。

图6-23　黑胚病症状

有人还对这种异常麦粒作进一步地区分，仅胚部变黑的称为黑胚粒，麦粒其余部分出现变色斑点或斑块的称为黑变粒或变色粒。

【防治措施】

1. 栽培防治

易发地区应将黑胚病作为育种目标之一，选育抗病品种。在没有专门的抗病品种之前，可对现有品种进行仔细的评价，选择种植轻病品种，避免种植高感品种。还应加强田间管理，实施健身栽培，不要偏施氮肥，灌浆期合理灌溉，尽量降低田间湿度。

2. 药剂防治

结合其他病害的防治，实施种子药剂拌种，搞好生长期间叶病防治，在灌浆至乳熟期喷药保护穗部。用药种类参见本章离蠕孢根腐病和叶枯病。三唑酮、丙环唑、咯菌腈、苯醚甲环唑及其复配剂苯醚甲·丙环乳油（爱苗）等均有较好的防治效果。

第八节　小麦黄花叶病毒病

【分布与为害】

小麦黄花叶病毒病又称小麦梭条斑病毒病、小麦土传花叶病毒病，在山东、河南、江苏、浙江、安徽、四川、陕西等省均有分布，以山东沿海、河南南部及淮河流域发生较重。本病主要在小麦生长前期为害，小麦受害后叶片失绿，植株矮化，分蘖减少，成穗率降低。一般减产10%~30%，重者减产50%以上，甚至绝收。

【症状与诊断】

该病一般点片发生，严重时会全田发病（图6-24）。发病初期病株叶片呈现褪绿或坏死梭形条斑，与绿色组织相间，呈花叶症状，后造成整片病叶发黄、枯死（图6-25、图6-26）。重病株严重矮化（图6-27），分蘖减少，节间缩短变粗，茎基部变硬老化，抽出新叶黄花枯死。

图6-24　小麦黄花叶病毒病，田间点片发病

图6-25　小麦黄花叶病毒病，花叶症状

图6-26　叶片上的坏死条斑

图6-27　严重发病田少量健康植株与矮化病株株高比较

【防治措施】

防治小麦黄花叶病毒病应以追施尿素等速效氮肥为主，辅以叶面肥，促进苗情转化，减轻病害损失。

1. 农业防治

选用抗（耐）病小麦品种；与非寄主作物油菜、马铃薯等进行多年轮作倒茬；适期晚播，避开传毒介体的最适侵染期；加强肥水管理，增强植株的抗病性。

2. 化学防治

发病地块每亩追施 5~8kg 尿素以补充营养，同时混合喷施 20% 盐酸吗啉胍·乙铜可湿性粉剂 100g+0.01% 芸薹素内酯水剂 10ml+磷酸二氢钾 100g。

第九节　小麦秆黑粉病

【分布与为害】

秆黑粉病主要为害茎秆和叶片，病株早期枯死，不能抽穗，或者虽能抽穗，但结实不良，严重减产。秆黑粉病在历史上曾广泛分布在世界各小麦产区，是小麦的主要病害之一。我国北方冬麦区也曾严重发生，新中国成立后采取了综合防治措施，在 20 世纪中期就已经得到控制，此后再没有流行成灾，仅局部地区有少量发生。

【症状与诊断】

小麦苗期就开始发病，拔节期以后症状逐渐明显。病株茎秆、叶鞘和叶片上形成略隆起的长条形病斑，即病原菌的冬孢子堆，初为黄白色，后变为银灰色，斑内充满黑粉（病原菌的冬孢子），表皮破裂后散出（图 6-28）。病株的叶片和茎秆卷缩，扭曲（图 6-29）。少数颖壳和种子上也产生冬孢子堆。

图 6-28　秆黑粉病叶片症状

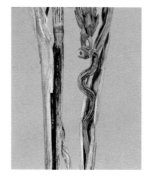

图 6-29　病株卷曲

病株比健株矮小，分蘖增多，病重的大部分不能抽穗而枯死。有些植株能够抽穗，但穗子多卷曲在旗叶叶鞘内。能够正常抽出的，也结实不良。发病较轻的植株只有部分分蘖发病，其余仍可正常抽穗结实。

【防治措施】

防治小麦秆黑粉病，可采用以下方法：①栽培抗病品种；②在以土壤传病为主的地区，与非寄主植物进行1~2年的轮作，水旱轮作效果更好；③做好整地、保墒，适期播种，避免晚播、深播，施用净肥；④换用不带菌种子，或行种子药剂处理。在以土壤传病为主的地区，还需用药剂进行土壤处理。用药种类参见小麦腥黑穗病一节。

第十节　小麦根腐病

【分布与为害】

　　小麦根腐病分布极广，凡有小麦种植的国家均有发生，我国主要分布在东北、西北、华北等地区，近年来不断扩大，广东、福建麦区也有发现。能为害小麦幼苗及成株的根、茎、叶、穗和种子，造成小麦叶片发黄枯死或整株、成片枯死（图6-30），千粒重降低。种子感病后籽粒瘪瘦，胚部变黑，发芽率低。一般发病田减产10%~20%，重病田减产50%以上。

图6-30　小麦根腐病，大田为害状，枯白穗

【症状与诊断】

　　小麦根腐病在小麦整个生育期都可以发生，表现症状因气候条件、生育期而异。干旱或半干旱地区，多引起茎基腐、根腐（图6-31、图6-32）；多湿地区除以上症状外，还引起叶斑、茎枯、穗颈枯。返青时地上部多表现为死苗，成株期地上部多表现为叶枯、死株、死穗、植株倒伏等。

图6-31　小麦根腐病，茎基部腐烂

图6-32　小麦根腐病，根部受害，地下茎变色

种子带菌发病重者多不能发芽，发病轻者在胚芽鞘、地下茎、幼根、叶鞘上产生褐色或黑色病斑，小麦茎基部近分蘖节处出现褐色病斑，近地面的叶鞘出现褐色梭形病斑，一般不深达茎节内部。种子带菌的小麦根部受害后生长势极弱，易提早死亡。

小麦生长期根部发病后，常造成根系发育不良，次生根少，种子根、茎基部出现褐色或黑色斑点，可深达内部，严重的次生根根尖或中部也褐变腐烂，分蘖节腐烂死亡，分蘖枯死，生长中后期部分或全株成片死亡。

被害籽粒在种皮上形成不规则病斑，以边缘黑褐色、中部浅褐色的长条形或梭形病斑较多，严重时胚部变黑，称为"黑胚病"（图6-33）。

小麦根腐病的根皮层易与根髓分离而脱落，而全蚀病的根皮层通常与根髓成一体，不易脱落，以此可区分两种病害（图6-34）。

图6-33 小麦根腐病，籽粒被害形成黑胚

图6-34 小麦根腐病，根部皮层与根髓分离脱落

【防治措施】

1. 农业防治

选用抗（耐）病和抗逆性强的小麦品种。合理轮作，深耕细耙，适期早播。增施有机肥、磷肥，科学配方施肥，培肥地力。合理灌溉，及时排涝，避免土壤干旱或过湿。

2. 化学防治

用6%戊唑醇悬浮种衣剂50ml或2.5%咯菌腈悬浮种衣剂15~20ml或15%多·福悬浮种衣剂150~200ml，拌小麦种子10kg。发病重时，选用12.5%烯唑醇可湿性粉剂1 500~2 000倍液或50%多菌灵可湿性粉剂1 000倍液或50%甲基硫菌灵可湿性粉剂1 000倍液喷雾，保护小麦功能叶，第1次在小麦扬花期，第2次在小麦乳熟初期。

第十一节 小麦腥黑穗病

【分布与为害】

腥黑穗病曾经是北方冬麦区、西北春麦区和东北春麦区的一种主要病害，常年因病减产10%~20%。在小麦加工过程中，冬孢子还污染面粉，降低品质。新中国成立后推广了以抗病品种和药剂处理为主的综合防治措施，长期控制了该病的发生和为害。在20世纪60年代以后，仅局部地区有少量发生。

【症状与诊断】

病株稍矮，分蘖稍多，病穗稍短，颖片开张，籽粒为灰黑色菌瘿，即病原菌冬孢子堆所代替（图6-35）。菌瘿麦粒状，与麦粒同大，包被薄膜，不硬，易破裂，散出粉末状冬孢子（图6-36）。菌瘿和冬孢子含有三甲胺，散发鱼腥味。茎叶上偶尔也产生冬孢子堆。

图6-35　小麦腥黑穗病的病穗　　　　　　图6-36　菌瘿形态

小麦还发生另一种类似黑粉病，即矮腥黑穗病，需准确区别。

【防治措施】

1. 栽培防治

防治小麦腥黑穗病首先要选育和使用优良抗病品种。持续将抗病基因引入主要栽培品种，保持栽培品种的抗病性，是防止腥黑穗病复发的根本措施。

在发病区，病田收获的小麦不作种用，要建立无病留种田，繁育和使用无病种子。在粪肥传病地区，不用病麦秸秆作畜圈褥草和沤肥，不用带菌的下脚料和麸皮作饲料，不用面粉厂的洗麦水灌田。病田要与非麦类作物轮作，适期播种，适当浅播。

2. 药剂防治

有效防治腥黑穗病药剂很多，采用内吸杀菌剂处理种子，可兼治种子和土壤带菌。可供选用的药剂有25%三唑酮可湿性粉剂、15%三唑醇拌种剂、50%萎锈灵可湿性粉剂、50%多菌灵可湿性粉剂、50%甲基硫菌灵可湿性粉剂、40%拌种双可湿性粉剂等。上述三唑类药剂和拌种双可能影响种子萌发，控制用药量在种子重量的0.1%~0.2%，其他药剂用种子重量的0.2%~0.3%。另外，用3%苯醚甲环唑（敌萎丹）悬浮种衣剂处理种子，每100kg种子用67~100ml药剂（折合有效成分2~3g）。

第十二节　小麦煤污病

【分布与为害】

　　小麦煤污病又称小麦霉污病，广泛分布于我国小麦产区。主要为害小麦叶片，也可为害叶鞘、穗部。一般发生田小麦减产3%～5%，严重时可达20%以上。

【症状与诊断】

　　典型症状是在小麦叶面上形成肉眼可见的黑色、淡褐色或橄榄绿色霉斑，严重时可以覆盖整个叶面、叶鞘及穗部（图6-37至图6-39）。

图6-37　小麦煤污病，穗部症状

图6-38　小麦煤污病，叶部症状

图6-39　小麦煤污病，霉斑覆盖叶片

【防治措施】

　　通过控制蚜虫来控制小麦煤污病。当麦田蚜虫量较小时，应重点防治蚜虫，避免其排泄物诱发煤污病。当麦田蚜虫大发生，单一使用杀虫剂已经无法控制煤污病时，应喷洒甲基托布津、多菌灵等杀菌剂，及时防治煤污病。

第十三节　小麦黄矮病

【分布与为害】

　　小麦黄矮病是由麦蚜传播的一种病毒性病害，全国麦区均有发生，以黄河流域为害重。一般能造成小麦减产10%～20%，发病严重时减产可达50%以上，甚至绝收。

【症状与诊断】

　　小麦受害后主要表现为叶片黄化，植株矮化（图6-40、图6-41）。叶片上的典型症状是新叶发病从叶尖渐向叶基扩展变黄，黄化部分占全叶的1/3～1/2，叶基仍为绿色，且保持较长时间，有时出现与叶脉平行但不受叶脉限制的黄绿相间条纹（图6-42）。麦播后分蘖前受侵染的植株矮化严重（但因品种而异），病株极少抽穗；冬麦发病不显症，越冬期间不耐低温易冻死，能存活的翌年春季分蘖减少、病株严重矮化、不抽穗或能抽穗但穗很小。拔节孕穗期感病的植株稍矮，根系发育不良。抽穗期发病者仅旗叶发黄，植株矮化不明显，能抽穗，但粒重降低。

图6-40　小麦黄矮病，大田为害状

图6-41　小麦黄矮病，大田为害状，
　　　　小麦成片发黄、矮化

图6-42　小麦黄矮病，受害叶片现黄绿相间条纹

与生理性黄化的区别在于，生理性黄化从下部叶片开始发生，整叶发病，田间发病较均匀。小麦黄矮病下部叶片绿色，新叶黄化，旗叶发病较重，从叶尖开始发病变黄，向叶基发展，田间分布有明显的发病中心病株。

【防治措施】

1. 农业防治

选用抗（耐）病小麦品种。加强栽培管理，冬麦区避免过早或过迟播种，及时冬灌，春麦区适期早播；强化肥水管理，增强植株的抗病性；及时清除田间路边杂草。

2. 化学防治

（1）药剂拌种。60%吡虫啉悬浮种衣剂 20ml 拌小麦种子 10kg。

（2）防治传毒蚜虫。发现发病中心时及时拔除，并采用 10%吡虫啉可湿性粉剂或50%抗蚜威可湿性粉剂等药剂，杀灭传毒蚜虫。当蚜虫和黄矮病毒病混合发生时，要采用治蚜、防治病毒病和健身栽培管理相结合的综合措施。将防治蚜虫药剂、防治病毒药剂和叶面肥、植物生长调节剂等，按照适宜比例混合喷雾，能收到比较好的效果。

第十四节　小麦霜霉病

【分布与为害】

霜霉病又名黄化萎缩病，分布较普遍，但发生多不严重。但需严密注意，防止因品种抗病性或环境因素的改变，导致异常流行。同一病原菌引起的玉米疯顶病近年大发生，已经成为玉米的主要病害之一，值得借鉴。

【症状与诊断】

病苗矮小，分蘖增多，多数分蘖早期萎凋死亡。叶片淡绿色或略有褪绿条纹。成株不同程度地变矮和畸形，叶片较短小，稍有增厚，叶面发皱，僵直上举，上部叶片扭曲卷缩。病株叶片上还出现黄白色条纹或全面变黄。部分病株不结穗或早期死亡，但有的保持绿色的时间比健株更长。部分病株能抽穗，但穗颈弓状扭曲，穗曲折畸形，花器增生，颖片开张，芒弯曲（图6-43）。有的下部小穗颖壳绿色小叶状，或小穗轴加长。病穗结实不良。高湿时，病叶片、叶鞘等部位长出灰白色霉层，即病原菌的孢子囊。

图6-43　霜霉病病穗

本病症状易于识别，注意不要误认为病毒病害。确有疑问时，可检查病原菌卵孢子或孢子囊予以确认。

【防治措施】

防治霜霉病应以加强栽培管理为主。首先应平整土地，精耕细作，建立完善的排灌系统，避免土壤过湿，增强土壤通气性。要使用不带菌种子，适期播种，提高播种质量，促进出苗。提倡合理排灌，实行沟灌，避免大水漫灌。雨后要及时排水，防止内涝。要清除田间病残体，防治杂草，发病后及时拔除病株，减少菌源。

易发地区或重病田应种植抗病品种，起码应淘汰高度感病品种，最好实行轮作，改种蔬菜、棉花、豆类等非禾本科作物。在小麦玉米二季作地区，还要搞好玉米疯顶病的防治。

易发地区或重病田还可进行药剂拌种和田间施药。药剂拌种用25%甲霜灵可湿性粉剂，每50kg小麦种子用药100~150g，加水3kg稀释后拌种。必要时在发病初期喷施甲霜灵·锰锌、霜脲·锰锌、安克·锰锌或霜霉威等对卵菌有效的药剂。

第十五节　小麦散黑穗病

【分布与为害】

小麦散黑穗病俗称黑疸，我国小麦产区均有分布，除为害小麦外，也为害大麦。该病主要为害小麦穗部，偶尔也侵害叶片和茎秆，在其上长出条状黑色孢子堆。穗部受害后小穗全部或部分被毁，一般减产10%~20%，严重的减产30%以上，对小麦的产量和品质影响很大（图6-44、图6-45）。

图6-44　小麦散黑穗病，为害小麦

图6-45　小麦散黑穗病，为害大麦

【症状与诊断】

　　小麦感染散黑穗病在孕穗前不表现症状。感病植株较健株矮，病穗比健穗较早抽出。最初感病小穗外面包有一层灰色薄膜，成熟后破裂散出黑粉（厚垣孢子），黑粉吹散后，只残留裸露的穗轴（图6-46、图6-47）。感病麦穗上的小穗全部被毁或部分被毁，仅上部残留少数健康小穗（图6-48）。主茎、分蘖的麦穗都能发病，在抗病品种上，部分分蘖麦穗不发病。

图6-46　受害小穗外面包裹一层灰色薄膜

图6-47　受害小穗外面的灰色薄膜破裂，散出黑粉

图6-48　感病麦穗小穗全部被毁

【防治措施】

　1. 农业防治

　　可选用抗病品种，合理轮作，精耕细作，足墒适时下种，使用无菌肥等，可增强小麦抗（耐）病能力。

2. 药剂防治

（1）种子处理。用6%戊唑醇悬浮种衣剂50ml或3%苯醚甲环唑悬浮种衣剂200～300ml或2%灭菌唑悬浮种衣剂125～250ml，拌小麦种子100kg。

（2）生长期防治。小麦抽穗扬花初期，用50%多菌灵可湿性粉剂或70%甲基硫菌灵可湿性粉剂喷雾。

第十六节　小麦颖枯病

【分布与为害】

小麦颖枯病广泛分布于我国小麦种植区。主要为害小麦未成熟的穗部和茎秆，有时也为害小麦叶片、叶鞘和茎秆。小麦受害后穗粒数减少，籽粒瘪瘦，出粉率降低。一般颖壳受害率10%～80%，轻者减产1%～7%，重者30%以上（图6-49）。

图6-49　小麦颖枯病，大田为害状

【症状与诊断】

小麦穗部受害初期在颖壳上产生深褐色斑点，后变为枯白色，扩展到整个颖壳（图6-50），在病部出现菌丝和小黑点（分生孢子器），发病重的不能结实。叶片和叶鞘上的病斑（图6-51、图6-52）初为长椭圆形、淡褐色小点，后逐渐扩大成不规则形，边缘有淡黄色晕圈，中间灰白色，其上密生小黑点。茎节受害呈褐色病斑，其上也生细小黑点。

图 6-50 小麦颖枯病，受害颖壳上的病斑

图 6-51 小麦颖枯病，受害叶片上的症状

图 6-52 小麦颖枯病，受害叶片及叶鞘上的病斑

【防治措施】

1. 农业防治

选用无病种子。合理轮作，麦收后深耕灭茬，清除病残体，消灭自生麦苗，压低菌源基数。施用腐熟有机肥，增施磷、钾肥，采用配方施肥技术，增强植株抗病能力。

2. 药剂防治

种子处理用 50% 多菌灵可湿性粉剂或 70% 甲基硫菌灵可湿性粉剂或 50% 多·福可湿性粉剂按种子量 0.2% 拌种。病情严重的地块，在小麦抽穗期喷洒 75% 百菌清可湿性粉剂 800~1 000 倍液或 25% 苯菌灵乳油 800~1 000 倍液或 25% 丙环唑乳油 2 000 倍液防治，间隔 15 天再喷 1 次。

第十七节 小麦胞囊线虫病

【分布与为害】

胞囊线虫病仅在部分省区发生，潜在危险性很大。罹病小麦生长不良，产量显著降低，病田一般减产 30%~40%，严重田块减产 50%~70%。病苗生机减弱，还易遭受土壤中病原真菌的侵害，使根病增多，遭受双重为害。

【症状与诊断】

小麦各生育期均可表现症状，小麦在返青后症状逐渐明显。病苗生长缓慢，从叶尖褪绿变黄，分蘖减少，类似缺氮的表现。发病严重的植株矮化，叶片变窄、变薄、变黄，穗子变小，秕粒增多。病株受到干旱胁迫后，常干枯死亡。

病株的根系浅而少，根上出现多数稍膨大的短小侧根。后期被害根出现小突起，称为鼓包，表皮开裂，露出米粒状的线虫雌虫虫体，长度不及 1mm，白色，发亮，死亡后变褐发暗，成为胞囊（图 6-53、图 6-54）。

图 6-53　胞囊线虫病症状

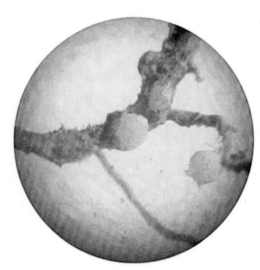

图 6-54　病根上的线虫雌体（白点状物）

小麦胞囊线虫的卵表面光滑，存留在雌虫体内，有时形成卵块。幼虫阶段形态多变化。一龄幼虫生于胞囊中的卵内，二龄幼虫脱出，进入土壤。二龄幼虫蠕虫形，体长 0.5~0.6mm，口针较粗，尾部较尖。三龄幼虫长颈瓶形，四龄幼虫葫芦形。雄性幼虫在四龄前与雌性幼虫形态相似，四龄后虫体线形，在蜕皮壳内蜷曲呈"8"字形。

小麦胞囊线虫种内存在致病性分化现象，各国已发现和命名了 13 个致病类型。据初步研究，我国发生的致病类型，与国外有所不同。

【防治措施】

1. 栽培防治

应加强检查，防止线虫随夹杂病土的种子，或黏附病土的农机具远距离传入无病地区。已发病的田块应停种麦类或其他禾本科作物，与豆科作物、绿肥、水稻、油菜、棉花等轮作 2~3 年，深耕灭茬，清除田间禾本科杂草，适期晚播，增施水肥，干旱时及时灌溉，使根系生长健壮，增强植株耐受力，减轻损失。栽培抗虫、耐虫品种是最经济有效的防治措施，但当前已知抗、耐虫品种较少，应加强抗虫育种和抗虫品种鉴选。

2. 药剂防治

播前施用杀线虫剂，是较好的防治方法。播前土壤处理，每亩可用 10% 灭线磷颗粒剂

2~3kg 或 3%的甲基异柳磷颗粒剂 2~2.5kg，用上述药剂拌细土 20~30kg，做成药土，顺垄施入播种沟中，施药后先覆一薄层的有机肥，再播种、覆土。已严重发病地块，可用上述药剂顺垄沟施于根部附近，施后及时浇水使药剂尽快被植株吸收。

灭线磷为有机磷酸酯类非熏蒸性杀线虫剂，兼治地下害虫。某些作物种子对该剂较敏感，不能与种子直接接触，以防发生药害。为便于药效充分发挥，施药前后要保持土壤湿润。该剂对人、畜、鸟类和鱼类高毒。甲基异柳磷是一种土壤杀虫剂，对害虫具有较强的触杀和胃毒作用，对人畜高毒。上述药剂应在当地农技人员的指导下使用，搞好安全防护。

第十八节　小麦黑颖病

【分布与为害】

小麦黑颖病分布在我国北方麦区，主要为害小麦叶片、叶鞘、穗部、颖片及麦芒，形成条斑状病部，严重的造成籽粒瘪瘦，影响小麦产量和品质。

【症状与诊断】

小麦穗部染病，颖壳上生褐色至黑色条斑，多个病斑融合后颖壳变黑发亮（图6-55、图6-56）。颖壳染病后感染种子，轻者种子颜色变深，重者种子皱缩或不饱满。叶片、叶鞘染病，沿叶脉形成黄褐色条状斑。穗轴、茎秆染病产生黑褐色长条状斑。湿度大时，病部产生黄色菌脓。

图6-55　小麦黑颖病，穗部受害

图6-56　小麦黑颖病，穗部受害

【防治措施】

1. 农业防治

（1）建立无病留种田，选用抗病品种。

（2）变温浸种，28~32℃水中浸 4h，再在 53℃水中浸 7min。

2. 化学防治

（1）用 15%叶青双胶悬剂 3 000mg/kg 浸种 12h。

（2）发病初期，25%叶青双可湿性粉剂，每亩100~150g对水50kg喷雾2~3次；或用新植霉素4 000倍液喷雾防治。

第十九节　小麦茎基腐病

【分布与为害】

小麦茎基腐病是一种世界性病害，美国、加拿大、澳大利亚、意大利等国家都有分布，在我国河南、山东、河北、安徽、江苏、山西、陕西等省的小麦产区均有分布，近年在黄淮部分麦区有加重趋势。主要侵染小麦基部1~2节叶鞘和茎秆，造成小麦倒伏和提前枯死（图6-57）。一般减产5%~10%，严重时可达50%以上，甚至绝收。

【症状与诊断】

茎基部叶鞘受害后颜色渐变为暗褐色，无云纹状病斑，容易和小麦纹枯病相区别（图6-58、图6-59）。随病程发展，小麦茎基部节间受侵染变为淡褐色至深褐色，田间湿度大时，茎节处、节间生粉红色或白色层，茎秆易折断（图6-60）。病情发展后期，重病株提早枯死，形成白穗。逢多雨年份，和其他根腐病的枯白穗类似，枯白穗易腐生杂菌变黑。

图6-57　小麦茎基腐病，大田为害状

图6-58　小麦茎基腐病，叶鞘变褐色，并且无云纹状病斑

图6-59　小麦纹枯病，叶鞘上有典型的云纹状病斑

图6-60　小麦茎基腐病，受害小麦茎节处及节间生粉红色霉层

【防治措施】

1. 农业防治

清除病残体，合理轮作，适期迟播，配方施肥，增施锌肥。有条件的可与油菜、棉花、蔬菜等双子叶作物轮作，能有效减轻病情。

2. 化学防治

（1）药剂拌种。用2.5%咯菌腈悬浮种衣剂10~20ml+3%苯醚甲环唑悬浮种衣剂50~100ml，拌麦种10kg。或用6%戊唑醇悬浮种衣剂50ml，拌小麦种子100kg。

（2）生长期药剂喷洒。小麦苗期至返青拔节期，在发病初期，用12.5%烯唑醇可湿性粉剂45~60g，对水40~50kg喷雾防治。

第七章　小麦害虫及防治

第一节　斑须蝽

【分布与为害】

斑须蝽又名细毛蝽、黄褐蝽、斑角蝽、臭大姐，是小麦上的重要害虫，广泛分布在我国各地。该虫食性复杂，除为害小麦外，还可为害大麦、玉米、水稻、谷子、高粱、大豆、棉花、蔬菜、果树等多种农作物。以成虫和若虫刺吸嫩叶、嫩茎及穗部汁液。茎叶被害后，出现黄褐色斑点，严重时叶片卷曲，嫩茎凋萎，籽粒瘪瘦，影响小麦产量和品质。

（1）成虫。体长 8~13.5mm，宽约 6mm，椭圆形，黄褐色或紫色，密被白绒毛和黑色小刻点；触角黑白相间；喙细长，紧贴于头部腹面。小盾片末端钝而光滑，黄白色。前翅革片红褐色，膜片黄褐色，透明，超过腹部末端。胸腹部的腹面淡褐色，散布零星小黑点，足黄褐色，腿节和胫节密布黑色刻点（图7-1）。

（2）卵。粒圆筒形，初产浅黄色，后灰黄色，卵壳有网纹，生白色短绒毛。卵排列整齐，成块状（图7-2）。

图 7-1　斑须蝽，成虫

图 7-2　斑须蝽，叶片上的卵块

（3）若虫。形态和色泽与成虫相同，略圆，腹部每节背面中央和两侧都有黑色斑（图7-3）。

图 7-3　斑须蝽，若虫腹部每节背面中央及两侧的黑斑

【防治措施】

1. 农业防治

清洁田园，深翻土壤，及时排涝，降低田间湿度，配方施肥，合理灌溉，提高作物抗虫能力。

2. 药剂防治

在若虫初孵时，用45%乐斯本乳油1 000倍液或2.5%鱼藤酮乳油1 000倍液或4.5%高效氯氰菊酯乳油2 500倍液或2.5%功夫乳油1 000倍液喷雾防治。

第二节 麦叶蜂

【分布与为害】

麦叶蜂又名齐头虫、小黏虫、青布袋虫，广泛分布于我国小麦产区，以长江以北为主。我国发生的有小麦叶蜂、大麦叶蜂和黄麦叶蜂三种，以小麦叶蜂为主。

发生严重的田块可将小麦叶尖吃光，对小麦灌浆影响极大（图7-4）。幼虫主要为害叶片，有时也为害穗部（图7-5）。麦叶蜂为害叶片时，常从叶边缘向内咬成缺口，或从叶尖向下咬成缺刻（图7-6、图7-7）。

图7-4 麦叶蜂，大田为害状

图7-5 麦叶蜂，幼虫为害小麦穗部

图7-6 幼虫从叶尖向下咬成缺刻状

图7-7 两头幼虫正在为害叶缘

【形态特征】

麦叶蜂成虫体长 8~9.8mm，雄体略小，黑色微带蓝光，前胸背板、中胸前盾板和翅基片锈红色，后胸背面两侧各有 1 个白斑，翅透明膜质（图 7-8）。

卵肾形，扁平，淡黄色，表面光滑。

图 7-8　麦叶蜂，成虫

图 7-9　麦叶蜂，幼虫，具有头大、胸粗、胸背向前拱、腹部细的特征

幼虫共五龄，老熟幼虫圆筒形，头大，胸部粗，胸背前拱，腹部较细，胸腹各节均有横皱纹。末龄幼虫腹部最末节的背面有一对暗色斑（图 7-9）。

蛹长 9.8mm，雄蛹略小，淡黄色至棕黑色。腹部细小，末端分叉。

【防治措施】

1. 农业防治

麦播前深翻土壤，破坏幼虫的休眠环境，使其不能正常化蛹而死亡。有条件的地区可实行稻麦水旱轮作，控制效果好。利用麦叶蜂幼虫的假死性，可在傍晚时进行人工捕捉。

2. 化学防治

防治适期应掌握在幼虫 3 龄前，可用 2.5% 溴氰菊酯乳油 2 000 倍液或 20% 氰戊菊酯乳油 2 000 倍液喷雾防治或 45% 毒死蜱乳油 1 000 倍液或 1.8% 阿维菌素乳油 4 000~6 000 倍液喷雾防治。

第三节　赤须盲蝽

【分布与为害】

赤须盲蝽又名红角盲蝽、赤须蝽，分布在黑龙江、吉林、辽宁、北京、河北、山东、河南、内蒙古自治区、陕西、甘肃、青海、宁夏回族自治区、新疆维吾尔自治区、江苏、江西、安徽等省（市、区）。除为害小麦外，还能为害谷子、糜子、高粱、玉米、麦类、水稻等禾本科作物及甜菜、芝麻、大豆、苜蓿、棉花等作物。赤须盲蝽还是草原上为害禾本科牧草和饲料作物的主要害虫。

以成虫、若虫刺吸叶片汁液，初呈淡黄色小点，稍后呈白色雪花斑布满叶片（图7-10）。严重时造成叶片失水、卷曲，植株生长缓慢，矮小或枯死，近年来在小麦上的为害有加重趋势。在玉米进入穗期还能为害玉米雄穗和花丝。

图7-10 赤须盲蝽，小麦叶片为害状

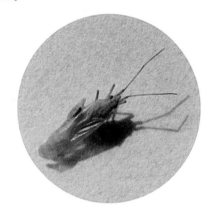

图7-11 赤须盲蝽，成虫触角红色

（1）成虫（图7-11）。雄性体长5~5.5mm，雌性体长5.5~6.0mm。全身绿色或黄绿色。头部略呈三角形，顶端向前突出，头顶中央有一纵沟，前伸不达顶端。触角细长，分4节，等于或略短于体长，第1节短而粗，上有短的黄色细毛，第2、第3节细长，第4节最短。触角红色，故称赤须盲蝽。前胸背板梯形，前缘低平，两侧向下弯曲，后缘两侧较薄；近前端两侧有两个黄色或黄褐色较低平的胝。小盾片三角形，基部不被前胸背板后缘所覆盖。前翅革质部与体色相同，膜质部透明，后翅白色透明。足黄绿色，胫节末端及跗节黑色。

（2）卵。口袋状，长约1.0mm，卵盖上有不规则的突起。初产时白色透明，临孵化时黄褐色。

（3）若虫。共5龄。1~2龄无翅芽，3龄翅芽长度不达腹部第1节，4龄翅芽长度不超过腹部2节，5龄翅芽长度超过腹部第2节，全身黄绿色，触角红色。

【防治措施】

1. 农业防治

清洁田园，及时清除作物残茬及杂草，减少越冬卵。

2. 化学防治

用60%吡虫琳悬浮种衣剂20ml，拌小麦种子10kg。小麦生长期发现为害时，在低龄若虫期用4.5%高效氯氰菊酯乳油1 000倍液加10%吡虫啉可湿性粉剂1 000倍液或3%啶虫脒1 500倍液喷雾防治。

第四节 小麦皮蓟马

【分布与为害】

小麦皮蓟马又名小麦管蓟马、麦简管蓟马，是小麦上的重要害虫，主要分布在新疆维吾尔自治区、甘肃、内蒙古自治区、黑龙江、天津、河南等省（市、区）。以成、若虫为害小麦花器，乳熟灌浆期吸食麦粒浆液，致麦粒灌浆不饱满或麦粒空秕。还可为害小穗的护颖和外颖，造成颖片皱缩、枯萎、发黄，易遭病菌侵染霉烂。

【形态特征】

成虫黑褐色，体长 1.5~2mm，翅 2 对，边缘均有长缨毛，腹部末端延长成管状，叫作尾管（图 7-12）。卵乳黄色，长楠圆形。若虫无翅，初孵淡黄色，后变橙红色，触角及尾管黑色。前蛹及伪蛹体长均比若虫短，淡红色。

图 7-12　小麦皮蓟马，成虫的尾管和尾毛

【防治措施】

1. 农业防治

合理轮作倒茬。适时早播，以避开为害盛期。秋后及时进行深耕，压低越冬虫源。清除晒场周围杂草，破坏越冬场所。

2. 化学防治

小麦孕穗期是防治成虫的关键时期，抽穗扬花期是防治初孵若虫的关键时期。用 10%吡虫啉可湿性粉剂 1 500 倍液或 45% 毒死蜱乳油 1 000~1 500 倍液喷雾防治。

第五节　小麦吸浆虫

【分布与为害】

小麦吸浆虫又名麦蛆，是小麦上的一种世界性害虫，广泛分布于我国小麦产区。有麦红吸浆虫和麦黄吸浆虫两种。麦红吸浆虫主要发生在黄淮流域及长江、汉江、嘉陵江沿岸的平原地区，麦黄吸浆虫一般发生在高原地区和高山地带某些特殊生态条件地区。

小麦吸浆虫以幼浆潜伏在颖壳内吸食正在灌浆的麦粒汁液为害，造成小麦籽粒空秕，幼虫还能为害花器、籽实（图 7-13、图 7-14）。小麦受害后由于麦粒被吸空，麦秆直立不倒，具有"假旺盛"的长势，田间表现为麦穗瘦长，贪青晚熟（图 7-15）。受害小麦麦粒有机物被吸食，麦粒变瘦，甚至成空壳，出现"千斤的长势，几百斤甚至几十斤的产量"的异常现象，主要原因是受害小麦千粒重大幅降低。一般可造成 10%~30% 的减产，严重的达 70% 以上，甚至绝收。

图 7-13 小麦好粒被吸浆虫幼虫吸成空壳

图 7-14 幼虫正在为害灌浆的小麦籽粒

图 7-15 受害小麦麦穗直立、瘦长

【形态特征】

1. 麦红吸浆虫

成虫橘红色，雌虫体长 2~2.5mm，雄虫体长约 2mm，雌虫（图 7-16）产卵管伸出时约为腹长的 1/2。卵呈长卵形，末端无附着物。幼虫（图 7-17）橘黄色，经 2 次蜕皮成为老熟幼虫，幼虫体表有鳞片状突起。茧（休眠体）淡黄色，圆形。蛹橙红色，头端有一对较长的呼吸管（图 7-18），分前蛹、中蛹、后蛹三个时期。

2. 麦黄吸浆虫成虫

姜黄色，雌虫体长 1.5mm，雄虫略小。雌虫产卵管伸出时与腹部等长。卵呈香蕉形，末端有细长卵柄附着物。幼虫姜黄色，体表光滑。蛹淡黄色。

图7-16 小麦吸浆虫，雌成虫，正在产卵

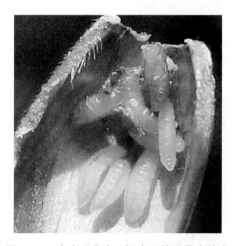

图7-17 小麦吸浆虫，颖壳里的吸浆虫幼虫

图7-18 小麦吸浆虫，蛹前端的呼吸管

【防治措施】

小麦吸浆虫的防治应贯彻"蛹期和成虫期防治并重，蛹期防治为主"的指导思想。

1. 农业防治

选用穗形紧密、颖缘毛长而密、麦粒皮厚、灌浆速度快、浆液不易外溢的抗（耐）虫品种。对重发生区实行轮作，不进行春灌，实行水地旱管，减少虫源化蛹率。

2. 化学防治

（1）蛹期（小麦孕穗期）防治。每亩用5%毒死蜱颗粒剂1.5~2kg，拌细土20kg，均匀撒在地表，土壤墒情好或撒毒土后浇水效果更好。也可用30%毒死蜱缓释剂撒施防治，持效期长。

（2）成虫期（小麦抽穗至扬花初期）防治。可选用20%氰戊菊酯乳油1 500~2 000倍液或10%氯氰菊酯微乳剂1 500~2 000倍液或4.5%高效氯氰菊酯乳油1 000倍液或45%毒死蜱乳油1 000~1 500倍液或10%吡虫啉可湿性粉剂1 500倍液喷雾防治。

第六节　小麦潜叶蝇

【分布与为害】

小麦潜叶蝇广泛分布于我国小麦产区，包括小麦黑潜叶蝇、小麦黑斑潜叶蝇、麦水蝇等多种，以小麦黑潜叶蝇较为常见，华北、西北麦区局部密度较高。

小麦潜叶蝇以雌成虫产卵器刺破小麦叶片表皮产卵及幼虫潜食叶肉为害。雌成虫产卵器在小麦第一、第二片叶中上部叶肉内产卵，形成一行行淡褐色针孔状斑点（图7-19、图7-20）；卵孵化成幼虫后潜食叶肉为害，潜痕呈袋状，其内可见蛆虫及虫粪，造成小麦叶片半段干枯（图7-21至图7-23）。一般年份小麦被害株率5%~10%，严重田小麦被害株率超过40%，严重影响小麦的生长发育。

图7-19　产卵为害叶片，形成的针孔状斑（1）

图7-20　产卵为害叶片,形成的针孔状斑(2)

图7-21　大田为害状，幼虫在叶肉内潜食为害

图7-22　小麦潜叶蝇,叶尖被害

【形态特征】

小麦黑潜叶蝇成虫体长2.2~3mm，黑色小蝇类。头部半球形，间额褐色，前端向前显著突出。复眼及触角1~3节黑褐色。前翅膜质透明，前缘密生黑色粗毛，后缘密生淡色细毛，平衡棒的柄为褐色，端部球形白色。

幼虫长3~4mm，乳白色或淡黄色，蛆状。

图 7-23　小麦潜叶蝇，叶片上的潜道和幼虫

蛹长 3mm，初化时为黄色，背呈弧形，腹面较直。

【防治措施】

以成虫防治为主，幼虫防治为辅。

1. 农业防治

清洁田园，深翻土壤。冬麦区及时浇封冻水，杀灭土壤中的蛹。加强田间管理，科学配方施肥，增强小麦抗逆性。

2. 化学防治

（1）成虫防治。小麦出苗后和返青前，用 2.5%溴氰菊酯乳油或 20%甲氰菊酯乳油 2 000～3 000倍液，均匀喷雾防治。

（2）幼虫防治。发生初期，用 1.8%阿维菌素乳油 3 000～5 000倍液，或用 4.5%高效氯氰菊酯乳油 1 500～2 000倍液，或用 20%阿维·杀单微乳剂 1 000～2 000倍液，或用 45%毒死蜱乳油 1 000倍液，或用 0.4%阿维·苦参碱水乳剂 1 000倍液喷雾防治。

第七节　小麦蚜虫

【分布与为害】

小麦蚜虫，简称麦蚜，俗称油虫、腻虫、蜜虫，主要种类有麦长管蚜、麦二叉蚜、黍缢管蚜等，广泛分布于我国小麦各产区，常混合发生为害。

麦蚜以成蚜、若蚜吸食小麦叶片、茎秆和嫩穗的汁液为害。苗期多集中在小麦叶背面、叶鞘及心叶处刺吸，轻者造成叶片发黄、生长停滞、分蘖减少，重者不能正常抽穗，或造成麦株枯萎死亡（图 7-24）。小麦抽穗后集中在穗部为害，造成小麦灌浆不足，籽粒干瘪，千粒重下降，严重影响小麦产量和品质（图 7-25、图 7-26）。

麦蚜除直接为害小麦外，麦二叉蚜、麦长管蚜、黍缢管蚜还是病毒病的传播媒介。麦蚜排泄的蜜露还易在小麦叶片、穗部诱发煤污病，影响小麦叶片的光合作用。

图 7-24　小麦蚜虫大田为害状，发生初期，小麦叶片被害，点片发黄

图 7-25　小麦蚜虫，穗部为害状

图 7-26　小麦蚜虫大田后期为害状

【形态特征】

　　三种小麦蚜虫形态特征的区别主要在体色、触角、腹管及成虫翅脉。麦长管蚜体色草绿色至橙红色，触角、腹管黑色，触角长超过腹部 2/3，腹管长超过腹部末，有翅蚜前翅中脉没有明显的二叉分支；麦二叉蚜体色多淡绿色至黄褐色，触角长不超过腹部 2/3，腹管浅绿色，顶端黑色，腹管长通常不超过腹部末，有翅蚜前翅中脉有明显的二叉分支（图7-27）；黍缢管蚜体色多暗绿色至墨绿色（图7-28），腹管基部锈红色。同时，结合它们的发生规律，可以将三种蚜虫区分开来。

【防治措施】

　　防治策略：黄矮病流行区，以麦二叉蚜为主攻目标，做好早期蚜虫防治以控制黄矮病发展；非黄矮病流行区，在做好小麦苗期蚜虫控制的基础上，重点抓好小麦抽穗灌浆期穗蚜的防治。通过协调应用农业、物理和化学等防治措施，充分发挥天敌的自然抑制作用，依据科学的防治指标及天敌利用指标，适时进行化学防治，控制蚜虫为害。

图 7-27　有翅蚜前翅中脉二叉分支

图 7-28　若蚜体色暗绿色、墨绿色，
在小麦苗期植株下部为害

1. 农业防治

清洁田园，清除路边田埂上的杂草；加强田间管理，合理配方施肥，适时浇水，增强小麦抗逆性。

2. 生物防治

改进施药技术，选用对天敌安全的药剂，减少用药次数和用量，以保护利用天敌。当田间天敌与麦蚜比例小于 1∶150 （蚜虫小于 150 头）时，适当推迟使用化学药剂。

3. 物理防治

推广应用黄色诱蚜和银灰色避蚜技术，减少化学药剂使用。

4. 化学防治

用 60% 吡虫啉悬浮种衣剂 20ml，拌小麦种子 10kg。小麦穗期当百穗蚜量达到 500 头，天敌与麦蚜比例在 1∶150 以上时，可用 50% 抗蚜威可湿性粉剂 4 000 倍液或 10% 吡虫啉可湿性粉剂 1 000 倍液或 48% 毒死蜱乳油 1 000 倍液或 5% 啶虫脒可湿性粉剂 1 000~1 500 倍液喷雾防治。

第八节　蛴　螬

【分布与为害】

蛴螬是鞘翅目金龟甲总科幼虫的总称，我国常见的种类有大黑鳃金龟甲、暗黑鳃金龟甲、铜绿丽金龟甲、黄褐丽金龟甲等，广泛分布于我国小麦产区。蛴螬食性复杂，可为害小麦、玉米、花生、大豆、蔬菜等多种农作物、牧草及果树和林木的幼苗。在小麦上，主要取食萌发的种子，咬断小麦的根、茎，轻者造成缺苗断垄（图 7-29），重者造成麦苗大量死亡，麦田中出现空白地，损失严重。蛴螬为害麦苗的根、茎时，断口整齐平截，易于识别（图 7-30）。有时成虫也为害小麦叶片，影响小麦生长发育（图 7-31 至图 7-33）。

图 7-29 蛴螬，为害小麦，造成缺苗断垄

图 7-30 蛴螬，为害小麦，断口整齐

图 7-31 黄褐丽金龟甲，成虫在小麦
叶片上的为害状

图 7-32 黄褐丽金龟甲，成虫正在小麦
叶片上为害

图 7-33 黄褐丽金龟甲，成虫

【形态特征】

1. 大黑鳃金龟甲

成虫（图 7-34）体长 16~22mm，宽 8~11mm。黑色或黑褐色，具光泽。触角 10 节，鳃片部 3 节呈黄褐色或赤褐色，约为其后 6 节之长度。鞘翅长椭圆形，其长度为前胸背板宽度的 2 倍，每侧有 4 条明显的纵肋。三龄幼虫（图 7-35）体长 35~45mm，头宽 4.9~

5.3mm。头部前顶刚毛每侧3根，其中冠缝侧2根，额缝上方近中部1根。

图7-34　大黑鳃金龟甲，成虫

图7-35　大黑鳃金龟甲，幼虫

2. 暗黑鳃金龟甲

成虫体长17～22mm，宽9～11.5mm。长卵形，暗黑色或红褐色，无光泽。前胸背板前缘具有成列的褐色长毛。鞘翅伸长，两侧缘几乎平行，每侧4条纵肋不显。三龄幼虫体长35～45mm，头宽5.6～6.1mm。头部前顶刚毛每侧1根，位于冠缝侧。

3. 铜绿丽金龟甲

成虫（图7-36、图7-37）体长19～21mm，宽10～11.3mm。背面铜绿色，其中头、前胸背板、小盾片色较浓，鞘翅色较淡，有金属光泽。三龄幼虫体长30～33mm，头宽4.9～5.3mm。头部前顶刚毛每侧6～8根，排成一纵列。

图7-36　铜绿丽金龟甲，成虫

图7-37　铜绿丽金龟甲，成虫交尾

【防治措施】

1. 农业防治

大面积秋、春耕，并随犁拾虫，腐熟厩肥，以降低虫口数量；在蛴螬发生严重的地块，合理灌溉，促使蛴螬向土层深处转移，避开幼苗最易受害时期。

2. 物理防治

使用频振式杀虫灯防治成虫效果极佳。佳多频振式杀虫灯单灯控制面积30～50亩，连片规模设置效果更好。灯悬挂高度，前期1.5～2m，中后期应略高于作物顶部。一般6月中旬开始开灯，8月底撤灯，每日开灯时间为21时至次日凌晨4时。

3. 化学防治

（1）土壤处理。可用50%辛硫磷乳油每亩200~250g，加水10倍，喷于25~30kg细土中拌匀成毒土，顺垄条施，随即浅锄，能收到良好效果，并兼治金针虫和蝼蛄。

（2）种子处理。用50%辛硫磷乳油按照药：水：种子以1：50：500的比例拌种，也可用25%辛硫磷胶囊剂，或用种子量2%的35%克百威种衣剂拌种，亦能兼治金针虫和蝼蛄等地下害虫。

（3）沟施毒谷。每亩用辛硫磷胶囊剂150~200g拌谷子等饵料5kg左右或50%辛硫磷乳油50~100g拌饵料3~4kg，撒于种沟中，兼治蝼蛄、金针虫等地下害虫。

第九节　耕葵粉蚧

【分布与为害】

耕葵粉蚧是小麦根部的一种新害虫，分布于辽宁、河北、河南、山东、山西、安徽等省。以成虫、若虫聚集在小麦根部为害，造成小麦生长发育不良（图7-38）。该虫除为害小麦外，还为害玉米、谷子、高粱等多种禾本科作物和杂草。

图 7-38　耕葵粉蚧，造成小麦发育不良

图 7-39　耕葵粉蚧，雌成虫

【形态特征】

雌成虫（图7-39）体长3~4.2mm，宽1.4~2.1mm，长椭圆形，扁平，两侧缘近似于平行，红褐色，全身覆一层白色蜡粉。雄成虫体长约1.42mm，宽约0.27mm，身体纤弱，全体深黄褐色。卵长椭圆形，初产时橘黄色，孵化前浅褐色，卵囊白色，棉絮状。若虫共2龄，一龄若虫体表无蜡粉，二龄若虫体表出现白蜡粉。蛹长形略扁，黄褐色。茧长形，白色柔密，两侧近平行。

【防治措施】

1. 农业防治

（1）合理轮作倒茬。在耕葵粉蚧发生严重地块不宜采用小麦—玉米两熟制种植结构，夏玉米可改种棉花、豆类、甘薯、花生等双子叶作物，以破坏该虫的适生环境。

（2）及时深耕灭茬。重发区夏秋作物收获后要及时深耕，并将根茬带出田外销毁。

（3）加强水肥管理。配方施肥，适时冬灌，合理灌溉，精耕细作，提高作物抗虫能力。

2. 化学防治

在一龄若虫期，用50%辛硫磷乳油或48%毒死蜱乳油800~1 000倍液顺麦垄灌根，使药液渗到植株根茎部，提高防治效果。

第十节 黏 虫

【分布与为害】

黏虫又称东方黏虫、行军虫、夜盗虫、剃枝虫、五彩虫、麦蚕等，属鳞翅目夜蛾科。黏虫在我国除新疆未见报道外，遍布全国各地。

黏虫可为害小麦（图7-40）、玉米、谷子等多种作物和杂草。

图7-40 黏虫，为害小麦叶片

幼虫咬食叶片，一二龄幼虫仅食叶肉形成小孔（图7-41、图7-42）；三龄后为害叶片形成缺刻，为害玉米幼苗可吃光叶片；五至六龄为暴食期，食量占幼虫期的90%以上，可将叶片吃光仅剩叶脉，植株成为光秆。同时，黏虫幼虫还可为害玉米、谷子穗部，造成严重减产，甚至绝收（图7-43、图7-44）。当一块田被吃光后，幼虫常成群迁到另一块田为害，故又名"行军虫"。

（1）成虫（图7-45）。成虫体色呈淡黄色或淡灰褐色，体长17~20mm，翅展35~45mm，触角丝状，前翅中央近前缘有2个淡黄色圆斑，外侧环形圆斑较大，后翅正面呈暗褐色，反面呈淡褐色，缘毛呈白色，由翅尖向斜后方有1条暗色条纹，中室下角处有1个小白点，白点两侧各有1个小黑点。雄蛾较小，体色较深，其尾端经挤压后，可伸出1对鳃盖形的抱握器，抱握器顶端具1根长刺，这一特征是区别于其他近似种的可靠特征。

雌蛾腹部末端有 1 个尖形的产卵器。

图 7-41 黏虫，为害小麦秋苗

图 7-42 黏虫，低龄幼虫为害谷子叶片，形成小孔

图 7-43 黏虫，幼虫吃光玉米花丝

图 7-44 黏虫，幼虫为害谷子穗部

图 7-45 黏虫，成虫

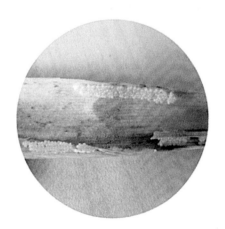

图 7-46 黏虫，卵

图7-47 黏虫，幼虫

图7-48 黏虫，蛹

【形态特征】

（2）卵（图7-46）。馒头状，初产时白色，渐变为黄色，孵化时为黑色。卵粒常排列成2~4行或重叠堆积成块，每个卵块一般有几十粒至百余粒卵。

（3）幼虫（图7-47）。共6龄，老熟幼虫体长35~40mm。体色随龄期和虫口密度变化较大，从淡绿色到黑褐色，密度大时多为灰黑色至黑色。头部有"八"字形黑褐色纵纹，体背有5条不同颜色的纵线，腹部整个气门孔黑色，具光泽。

（4）蛹（图7-48）。棕褐色，腹部背面第5~7节后缘各有一列齿状点刻，尾端有刺6根，中央2根较长。

【防治措施】

1. 物理防治

（1）谷草把诱杀。利用成虫多在禾谷类作物叶上产卵习性，进行诱杀。在麦田插谷草把或稻草把，每亩插60~100个，每5天更换新草把，把换下的草把集中烧毁。

（2）糖醋液诱杀。利用成虫对糖醋液的趋性，诱杀成虫。用1.5份红糖、2份食用醋、0.5份白酒、1份水加少许敌百虫或其他农药搅匀后，盛于盆内，置于距地面1m左右的田间，500m左右设1个点，每5天更换1次药液。

（3）灯光诱杀。利用成虫的趋光性，安装频振式杀虫灯诱杀成虫。

2. 化学防治

防治适期掌握在幼虫三龄前。每亩可用灭幼脲1号有效成分1~2g或灭幼脲3号有效成分3~5g对水30kg均匀喷雾，也可用90%晶体敌百虫或50%辛硫磷乳油1 000~1 500倍液或4.5%高效氯氰菊酯乳油或2.5%溴氰菊酯乳油2 500~3 000倍液喷雾防治。

第十一节　金针虫

【分布与为害】

金针虫是鞘翅目叩头甲科的幼虫，又称叩头虫、沟叩头甲、土蚰蜒、芨芨虫、钢丝虫，除为害小麦外，还为害玉米、谷子、果树、蔬菜等农作物。我国为害农作物的金针虫主要有沟金针虫、细胸金针虫和褐纹金针虫。沟金针虫分布在我国的北方。细胸金针虫主要分布在黑龙江、内蒙古自治区、新疆维吾尔自治区，南至福建、湖南、贵州、广西壮族自治区、云南。褐纹金针虫主要分布在华北及河南、东北、西北等地。以幼虫在土中取食播种下的种子、小麦根系，轻者造成缺苗断垄，重者全田毁种，损失很大（图7-49、图7-50、图7-51）。金针虫为害小麦的断口不整齐，易和其他地下害虫相区别。

图7-49 金针虫，大田为害造成缺苗断垄

图7-50 金针虫，咬断小麦茎基部

图7-51 金针虫，钻蛀小麦茎基部

【形态特征】

1. 沟金针虫

成虫深栗色。全体被黄色细毛。头部扁平，头顶呈三角形凹陷，密布刻点。雌虫体长14~17mm，宽约5mm，体形较扁；雄虫体长14~18mm，宽约3.5mm，体形窄长。雌虫触角11节，略呈锯齿状，长约为前胸的2倍。雄虫触角12节，丝状，长及鞘翅末端；雌虫前胸较发达，背面呈半球状隆起，前狭后宽，宽大于长，密布刻点，中央有微细纵沟，后缘角向后方突出，鞘翅长约为前胸的4倍，其上纵沟不明显，密生小刻点，后翅退化。雄虫鞘翅长约为前胸的5倍，其上纵沟明显，有后翅。卵近椭圆形，乳白色。老熟幼虫体长20~30mm，细长筒形，略扁，体壁坚硬而光滑，具黄色细毛，尤以两侧较密。体黄色，前头和口器暗褐色，头扁平，胸、腹部背面中央有1条细纵沟。尾端分叉，并稍向上弯曲。

2. 细胸金针虫

成虫（图 7-52）体长 8~9mm，宽约 2.5mm。暗褐色，被灰色短毛，并有光泽。触角红褐色，第 2 节球形。前胸背板略呈圆形，长大于宽，鞘翅长为头胸部的 2 倍，上有 9 条纵列刻点。卵乳白色，圆形。末龄幼虫体长约 32mm，宽约 1.5mm，细长圆筒形，淡黄色，光亮。尾节圆锥形，不分叉（图 7-53）。

图 7-52 细胸金针虫，成虫

图 7-53 细胸金针虫，幼虫，尾节不分叉

3. 褐纹金针虫

成虫体长 9mm，宽 2.7mm，体细长，黑褐色，被灰色短毛；头部黑色，向前凸，密生刻点；触角暗褐色，第 2 节、第 3 节近球形，第 4 节较第 2 节、第 3 节长。前胸背板黑色，刻点较头上的小，后缘角后突。鞘翅长为胸部的 2.5 倍，黑褐色，具纵列刻点 9 条，腹部暗红色，足暗褐色。末龄幼虫体长 25mm，宽 1.7mm，体圆筒形细长，棕褐色，具光泽。第 1 胸节、第 9 腹节红褐色。头梯形扁平，上生纵沟并具小刻点，体背具微细刻点和细沟，第 1 胸节长，第 2 胸节至第 8 腹节各节的前缘两侧，均具深褐色新月形斑纹。尾节扁平且尖，尾节前缘具半月形斑 2 个，前部具纵纹 4 条，后半部具皱纹且密生粗大刻点。幼虫共 7 龄。

【防治措施】

1. 农业防治

大面积秋、春耕，并随犁拾虫，施腐熟厩肥，合理灌水，以降低虫口数量。

2. 化学防治

（1）土壤处理。可用 50% 辛硫磷乳油每亩 200~250g，加水 10 倍，喷于 25~30kg 细土中拌匀成毒土，顺垄条施，随即浅锄，能收到良好效果，并兼治蛴螬、蝼蛄。

（2）种子处理。用 50% 辛硫磷乳油按照药：水：种子以 1：50：500 的比例拌小麦种子，或用 25% 辛硫磷胶囊剂，或用种子量 2% 的 35% 克百威种衣剂拌种，亦能兼治蛴螬、蝼蛄等地下害虫。

（3）沟施毒谷。每亩用辛硫磷胶囊剂 150~200g 拌谷子等饵料 5kg 左右或 50% 辛硫磷乳油 50~100g 拌饵料 3~4kg，撒于种沟中，兼治蛴螬和蝼蛄等地下害虫。

第十二节 小麦红蜘蛛

【分布与为害】

小麦红蜘蛛俗名火龙、麦虱子，分为麦圆蜘蛛和麦长腿蜘蛛两种。水浇地以麦圆蜘蛛为主，分布在我国北纬 29°~37° 地区；麦长腿蜘蛛多发生在山区、丘陵、旱地，分布在我国北纬 34°~43° 地区，主要为害区在长城以南、黄河以北，包括河北、山东、山西、内蒙古自治区等地区。

小麦红蜘蛛成、若螨以刺吸式口器刺吸小麦叶片、叶鞘、嫩茎等部位进行为害。麦田最初表现为点片发黄，后扩展到整个田块（图 7-54）。被害小麦叶片上最初表现为白斑，后变黄枯死。受害小麦植株矮小，发育不良，严重者整株干枯死亡。一般发生田减产15%~20%，重者减产 50% 以上，甚至绝收（图 7-55、图 7-56）。在严重发生年份，小麦红蜘蛛能上升到穗部为害。

图 7-54　小麦红蜘蛛，麦圆蜘蛛在叶片上集中为害

图 7-55　为害初期，在叶片上形成清晰的白斑

图 7-56　在小麦叶片背面造成大量白斑

【形态特征】

1. 麦圆蜘蛛

成螨体长 0.65mm，宽 0.43mm，略呈圆形，深红褐色，体背后部有隆起的肛门（背肛）。足 4 对，第一对最长，第四对次之，第二、第三对约等长，足和肛门周围红色（图 7-57、图 7-58）。若螨共四龄，一龄体圆形，足 3 对，称幼螨；二龄以后足 4 对，似成螨；四龄深红色，和成蛾极相似。

图 7-57　麦圆蜘蛛背肛和第一对足

图 7-58　麦圆蜘蛛

2. 麦长腿蜘蛛

成螨体长 0.61mm，宽 0.23mm，呈卵圆形，红褐色。足 4 对，橘红色，第一、第四对足特别发达。若螨共三龄，一龄体圆形，足 3 对，称幼螨；二龄和三龄足 4 对，体较长，似成螨。

【防治措施】

1. 农业防治

麦收后采取浅耕灭茬、除草、增施粪肥、轮作等措施，破坏红蜘蛛的适生环境，压低虫口基数。

2. 化学防治

防治红蜘蛛以挑治为主，当 0.33m 单行麦圆蜘蛛 200 头、麦长腿蜘蛛 100 头，小麦叶部白色斑点大量出现时，立即喷药防治。可用 1.8%阿维菌素乳油 5 000~6 000 倍液或 15%哒螨酮乳油 2 000~3 000 倍液或 4%联苯菊酯微乳剂 1 000 倍液喷雾。

第十三节　蝼　蛄

【分布与为害】

蝼蛄又称大蝼蛄、拉拉蛄、地拉蛄，我国主要有华北蝼蛄和东方蝼蛄两种，均属直翅目蝼蛄科。华北蝼蛄分布在北纬 32°以北地区，东方蝼蛄主要分布在我国北方各地。

蝼蛄以成、若虫咬食小麦种子和幼苗，特别喜食刚发芽的种子，造成严重缺苗、断垄；也咬食幼根和嫩茎，扒成乱麻状或丝状，使幼苗生长不良甚至死亡。蝼蛄最大的为害在于其善在土壤表层爬行，往来乱窜，隧道纵横，能造成种子架空不能发芽，幼苗吊根失水而死，也就是群众俗称的"不怕蝼蛄咬，就怕蝼蛄跑"（图 7-59）。

图 7-59 蝼蛄在麦田的隧道，会造成单株小麦死亡

【形态特征】

1. 华北蝼蛄

成虫（图 7-60）。雌虫体长 45～50mm，最大可达 66mm，头宽 9mm；雄虫体长 39～45mm，头宽 5.5mm。体黑褐色，密被细毛，腹部近圆筒形。前足腿节下缘呈"S"形弯曲，后足胫节内上方有刺 1～2 根（或无刺）。若虫共 13 龄，初龄体长 3.6～4mm，末龄体长 36～40mm。初孵化若虫头、胸特别细，腹部很肥大，全身乳白色，复眼淡红色，以后颜色逐渐加深，五龄至六龄后基本与成虫体色相似。

2. 东方蝼蛄

成虫（图 7-61）雌虫体长 31～35mm，雄虫体长 30～32mm，体黄褐色，密被细毛，腹部近纺锤形。前足腿节下缘平直，后足胫节内上方有等距离排列的刺 3～4 根（或 4 根以上）。若虫初龄体长约 4mm，末龄体长约 25mm。初孵若虫头、胸特别细，腹部很肥大，全身乳白色，复眼淡红色，腹部红色或棕色，半天以后，头、胸、足逐渐变为灰褐色，腹部淡黄色，二龄或三龄以后若虫体色接近成虫。

图 7-60 华北蝼蛄，成虫

图 7-61 东方蝼蛄，成虫

【防治措施】

1. 农业防治

秋收后深翻土地，压低越冬幼虫基数。

2. 物理防治

使用频振式杀虫灯进行诱杀。

3. 化学防治

（1）土壤处理。50%辛硫磷乳油每亩用200~250g，加水10倍，喷于25~30kg细土拌匀成毒土，顺垄条施，随即浅锄；或以同样用量的毒土撒于种沟或地面，随即耕翻；或混入厩肥中施用，或结合灌水施入。或用5%辛硫磷颗粒剂，每亩用2.5~3kg处理土壤，也能收到良好效果，并兼治金针虫和蛴螬。

（2）种子处理。用50%辛硫磷乳油按照药:水:种子为1:50:500比例拌小麦种子。

（3）毒饵防治。每亩按1:5用50%杀螟丹可溶性粉剂拌炒香的麦麸，加适量水拌成毒饵，于傍晚撒于地面。

第十四节　麦凹茎跳甲

【分布与为害】

麦凹茎跳甲是粟凹茎跳甲近似种。在国内分布北起黑龙江、内蒙古自治区，南限稍过长江，最南至浙江金华、江西临川，东邻国境线，西至陕西、甘肃、青海一带。除为害小麦外，还可为害粟、糜子、高粱、水稻等作物。以幼虫和成虫为害刚出土的幼苗，由茎基部咬孔钻入，造成枯心苗（图7-62、图7-63）。幼苗长大，表皮组织变硬时，爬到心叶取食嫩叶，影响正常生长，群众称为"芦蹲"或"坐坡"。成虫为害，则取食幼苗叶子的表皮组织，把叶子吃成条纹、白色透明状，甚至造成叶子干枯死掉。发生严重的年份，常造成缺苗断垄，甚至毁种。

图7-62　麦凹茎跳甲幼虫和小麦被害状

图7-63　麦凹茎跳甲幼虫和小麦被害状

【形态特征】

（1）成虫。体长2.5~3mm，宽1.5mm。体椭圆形，蓝绿色至青铜色，具金属光泽。头部密布刻点，漆黑色。触角11节，第3节长于第2节，短于第4、第5节。前胸背板拱凸，其上密布刻点。鞘翅上有由刻点整齐排列而成的纵线。腹部腹面金褐色，可见5节，具有粗刻点。

（2）卵。长0.75mm，长椭圆形，米黄色。

（3）幼虫。末龄幼虫体长5~6mm，圆筒形。头、前胸背板黑色。胸部、腹部白色，体面具椭圆形褐色斑点。胸足 3 对，黑褐色。

（4）裸蛹。长 3mm 左右，椭圆形，乳白色。

【防治措施】

1. 农业防治

适期迟播，及时清除受害幼虫。

2. 化学防治

用 60％吡虫啉悬浮种衣剂 20ml，拌小麦种子 10kg。或用 48％毒死蜱乳油 1 000倍液灌根。

<h2 style="text-align:center">第十五节　蟋　蟀</h2>

【分布与为害】

蟋蟀，俗名蛐蛐，属直翅目蟋蟀科，主要种类有大蟋蟀、油葫芦等。大蟋蟀主要分布在华南地区，华北、华东和西南地区以油葫芦为主。蟋蟀食性复杂，以成虫、若虫为害农作物的叶、茎、枝、果实、种子，有时也为害根部。条件适宜年份会为害秋播麦苗，发生量大时可成灾。偶入室会咬毁衣服及食物。

【形态特征】

（1）成虫（图 7-64）。雄性体长 18.9～22.4mm，雌性体长 20.6～24.3mm，身体背面黑褐色，有光泽，腹面为黄褐色，头顶黑色，复眼内缘、头部及两颊黄褐色，前胸背板有两个月牙纹，中胸腹板后缘内凹。前翅淡褐色有光泽，后翅尖端纵折，露出腹端很长，形如尾须。后足褐色，强大，胫节具刺 6 对，具距 6 枚。

（2）卵长筒形，两端微尖，乳白色微黄。

（3）若虫（图 7-65）。共 6 龄，体背面深褐色，前胸背板月牙纹甚明显，雌、雄虫均具翅芽。

图 7-64　蟋蟀，成虫

图 7-65　蟋蟀，若虫

【防治措施】

1. 农业防治

蟋蟀通常将卵产于1~2cm的土层中，冬、春季耕翻地，将卵深埋于10cm以下的土层，若虫难以孵化出土，可降低卵的有效孵化率。

2. 物理防治

（1）灯光诱杀。用杀虫灯或黑光灯诱杀成虫。

（2）堆草诱杀。蟋蟀若虫和成虫白天有明显的隐蔽习性，在田间或地头设置一定数量5~15cm厚的草堆，可大量诱集若、成虫，集中捕杀。

3. 化学防治

蟋蟀发生密度大的地块，可选用50%辛硫磷1 500~2 000倍液喷雾。或采取麦麸毒饵，用50g上述药液加少量水稀释后拌5kg麦麸，每亩地撒施1~2kg；鲜草毒饵用50g药液加少量水稀释后拌20~25kg鲜草撒施田间。蟋蟀活动性强，应连片统一施药，以提高防治效果。

第十六节　蜗　牛

【分布与为害】

蜗牛又名蜒蚰螺、水牛，为软体动物，主要有同型巴蜗牛和灰巴蜗牛两种，均为多食性，可为害小麦、玉米及十字花科、豆科、茄科蔬菜，以及棉、麻、甘薯、谷类、桑、果树等多种作物（图7-66至图7-69）。初孵幼贝食量小，仅食叶肉，留下表皮，稍大后以齿舌刮食叶、茎，形成孔洞或缺刻，甚至咬断幼苗，造成缺苗断垄。

图7-66　蜗牛，为害小麦叶片

图7-67　蜗牛，为害小麦穗部

图 7-68　蜗牛，为害玉米

图 7-69　蜗牛，为害小白菜

【形态特征】

灰巴蜗牛（图 7-70）和同型巴蜗牛成螺的贝壳大小中等，壳质坚硬。

图 7-70　灰巴蜗牛

1. 灰巴蜗牛

壳较厚，呈圆球形，壳高 18~21mm，宽 20~23mm，有 5.5~6 个螺层，顶部几个螺层增长缓慢，略膨胀，体螺层急剧增长膨大；壳面黄褐色或琥珀色，常分布暗色不规则形斑点，并具有细致而稠密的生长线和螺纹；壳顶尖，缝合线深，壳口呈椭圆形，口缘完整，略外折，锋利，易碎。轴缘在脐孔处外折，略遮盖脐孔，脐孔狭小，呈缝隙状。卵为圆球形，白色。

2. 同型巴蜗牛

壳质厚，呈扁圆球形，壳高 11.5~12.5mm，宽 15~17mm，有 5~6 层螺层，顶部几个螺层增长缓慢，略膨胀，螺旋部低矮，体螺层迅速增长膨大；壳顶钝，缝合线深，壳面呈黄褐色至灰褐色，有稠密而细致的生长线。体螺层周缘或缝合线处常有一条暗褐色带，有些个体无。壳口呈马蹄形，口缘锋利，轴缘外折，遮盖部分脐孔。脐孔小而深，呈洞穴状。个体间形态变异较大。卵圆球形，乳白色有光泽，渐变淡黄色，近孵化时为土黄色。

【防治措施】

1. 农业防治

（1）清洁田园。铲除田间、地头、垄沟旁边的杂草和田间秸秆，及时中耕松土、排除积水等，破坏蜗牛栖息和产卵场所。

（2）深翻土地。秋后及时深翻土壤，可使部分越冬成贝、幼贝暴露于地面冻死或被天敌啄食，卵则被晒暴裂而死。

（3）石灰隔离。地头或行间撒10cm左右的生石灰带，每亩用生石灰5~7.5kg，将越过石灰带的蜗牛杀死。

2. 物理防治

利用蜗牛昼伏夜出，黄昏为害的特性，在田间或保护地（温室或大棚）中设置瓦块、菜叶、树叶、杂草，或扎成把的树枝，白天蜗牛常躲在其中，可集中捕杀。

3. 化学防治

结合其生活习性，化学防治应在9时前或17时后开展。

（1）毒饵诱杀。用多聚乙醛配制成含2.5%~6%有效成分的豆饼（磨碎）或玉米粉等毒饵，在傍晚时，均匀撒施在田垄上进行诱杀。

（2）撒颗粒剂。用8%灭蛭灵颗粒剂或10%多聚乙醛颗粒剂，每亩用2kg，均匀撒于田间进行防治。

（3）喷洒药液。当清晨蜗牛未潜入土时，用70%氯硝柳胺1 000倍液或灭蛭灵或硫酸铜800~1 000倍液或氨水70~100倍液或1%食盐水喷洒防治。

第十七节　棉铃虫

【分布与为害】

棉铃虫又名钻桃虫、钻心虫等，属鳞翅目夜蛾科，分布广，食性杂，主要为害棉花，还可为害小麦、玉米、花生、大豆、蔬菜等多种农作物。以幼虫为害麦粒、茎、叶，主要为害麦粒（图7-71）。虫量大时，损失严重。

【形态特征】

（1）成虫。体长15~20mm，前翅颜色变化大，雌蛾多黄褐色，雄蛾多绿褐色，外横线有深灰色宽带，带上有7个小白点，肾形纹和环形纹暗褐色。

（2）卵。近半球形，表面有网状纹。初产时乳白色，近孵化时紫褐色（图7-72）。

（3）幼虫。老熟幼虫体长40~45mm，头部黄褐色，气门线白色，体背有十几条细纵线条，各腹节上有刚毛疣12个，刚毛较长。两根前胸侧毛的连线与前胸气门下端相切，这是区分棉铃虫幼虫与烟青虫幼虫的主要特征。体色变化多，以黄白色、暗褐色、淡绿色、绿色为主。

（4）蛹。长17~20mm，纺锤形，黄褐色，第5~7腹节前缘密布比体色略深的刻点，尾端有臀刺2个（图7-73）。

图7-71　棉铃虫，体色黄白型幼虫，为害小麦穗部

图7-72　棉铃虫，产在小麦叶片上的
卵，卵表面有网状纹

图7-73　棉铃虫，蛹

【防治措施】

1. 农业防治

秋田收获后，及时深翻耙地，冬灌，可消灭大量越冬蛹。

2. 物理防治

成虫发生期，应用佳多频振式杀虫灯、450W高压汞灯、20W黑光灯、棉铃虫性诱剂诱杀成虫。

3. 化学防治

幼虫三龄前选用40%毒死蜱乳油1 000~1 500倍液，也可用4.5%高效氯氰菊酯或2.5%溴氰菊酯乳油1 500~2 000倍液均匀喷雾防治。

第十八节 东亚飞蝗

【分布与为害】

东亚飞蝗又名蚂蚱，属直翅目蝗科，主要分布在我国北纬42°以南的冲积平原地带，以冀、鲁、豫、津、晋、陕等省（市）发生较重。可为害小麦、玉米、高粱、谷子、芦苇等多种禾本科作物、杂草等，以成虫或若虫咬食植物叶、茎，密度大时可将植物吃成光秆。东亚飞蝗具有群居性、迁飞性、暴食性等特点，能远距离迁飞造成毁灭性为害（图7-74、图7-75）。

图7-74 东亚飞蝗，为害芦苇

图7-75 东亚飞蝗，为害小麦

【形态特征】

（1）成虫（图7-76、图7-77）。体形较大，雄成虫体长33~48mm，雌成虫体长39~52mm。有群居型、散居型和中间型3种类型。群居型体色为黑褐色；散居型体色为绿色或黄褐色，羽化后经多次交配并产卵后的成虫体色可呈鲜黄色；中间型体色为灰色。

图7-76 东亚飞蝗，成虫

图7-77 东亚飞蝗，成虫

成虫头部较大，颜面垂直。触角丝状，淡黄色。具有1对复眼和3个单眼，咀嚼式口器。前胸、中胸和后胸腹面各具1对足。中胸、后胸背面各着生1对翅。前胸背板马鞍形，中隆线明显，两侧常有暗色纵条纹，群居型条纹明显，散居型和中间型条纹不明显或消失；从侧面看，散居型中隆线上缘呈弧形，群居型较平直或微凹。

（2）卵．卵块（图7-78）黄褐色或淡褐色，呈长筒形，长45～67mm，卵粒排列整齐，微斜成4行长筒形，每个卵块有卵40～80粒，个别多达200粒（图7-79）。

图7-78　东亚飞蝗，卵块

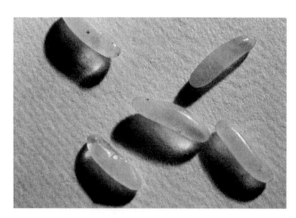

图7-79　东亚飞蝗，卵粒

（3）蝗蝻（图7-80）。蝗虫的若虫称蝗蝻，共五龄。

图7-80　东亚飞蝗，蝗蝻

【防治措施】

1. 生态控制技术

兴修水利，稳定湖河水位，大面积垦荒种植，精耕细作，减少蝗虫滋生地；植树造林，改善蝗区小气候，消灭飞蝗产卵繁殖场所；因地制宜种植紫穗槐、冬枣、牧草、马铃薯、麻类等飞蝗不食的作物，断绝其食物来源。

2. 生物防治

在蝗蝻二至三龄期，用蝗虫微孢子虫每亩（2~3）×10⁹个孢子，飞机作业喷施。也可用20%杀蝗绿僵菌油剂每亩25~30ml，加入500ml专用稀释液后，用机动弥雾机喷施，若用飞机超低量喷雾，每亩用量一般为40~60ml。

3. 化学防治

在蝗虫大发生年或局部蝗情严重，生态和生物措施不能控制蝗灾蔓延，应立即采用包括飞机在内的先进施药器械，在蝗蝻三龄前及时进行应急防治。有机磷农药、菊酯类农药对东亚飞蝗均有很好的防治效果。

第十九节　白　蚁

【分布与为害】

白蚁又名大水蚁，是一种世界性害虫，我国为害农作物的以黑翅土白蚁最为常见，分布于黄河、长江以南各省（区）。可为害小麦、玉米、水稻、花生、棉花等多种农作物。为害小麦时多从根茎部咬断或将根系吃光，麦苗被害后叶片发黄枯萎，抽穗扬花后被害植株叶片枯黄，形成枯白穗，造成穗粒霉烂（图7-81至图7-83）。

图7-81　白蚁麦田为害状，造成白穗

图7-82　白蚁为害小麦茎秆

图7-83　小麦茎秆里的白蚁及其排泄物

【形态特征】

1. 成蚁

有翅繁殖蚁，体长 12~16mm，全体呈棕褐色；翅展 23~25mm，黑褐色；触角 11 节；前胸背板后缘中央向前凹入，中央有一淡色"十"字形黄色斑，两侧各有一个圆形或椭圆形淡色点，其后有一小而带分支的淡色点。

（1）蚁王。为雄性有翅繁殖蚁发育而成，体较大，翅易脱落，体壁较硬，体略有收缩。

（2）蚁后。为雌性有翅繁殖蚁发育而成，体长 70~80mm，体宽 13~15mm。无翅，色较深，体壁较硬，腹部特别大，白色腹部上呈现褐色斑块。

（3）兵蚁。体长 5~6mm；头部深黄色，胸、腹部淡黄色至灰白色，头部发达，背面呈卵形，长大于宽；复眼退化；触角 16~17 节；上颚镰刀形，在上颚中部前方，有一明显的刺。前胸背板元宝状，前窄后宽，前部斜翘起。前、后缘中央皆有凹刻。兵蚁有雌雄之别，但无生殖能力。

（4）工蚁。体长 4.6~6.0mm，头部黄色，近圆形。胸、腹部灰白色；头顶中央有一圆形下凹的肉；后唇基显著隆起，中央有缝。

2. 卵

长椭圆形，长约 0.8mm，乳白色，一边较为平直。

【防治措施】

1. 农业防治

播种前深翻土壤，破坏新建群体，阻断白蚁取食隧道。安装黑光灯、频振式杀虫灯诱杀白蚁有翅成虫。发动群众在长鸡枞菌的地方挖掘白蚁主巢。

2. 化学防治

（1）在麦田靠山坡、森林一侧，埋设诱杀坑或设置灭蚁药剂，阻断白蚁向麦田扩展。

（2）发现蚁路和分群孔，可用 70% 灭蚁灵粉剂喷施蚁体灭蚁。

（3）在被害植株基部附近，用 45% 毒死蜱乳油 1 000 倍液喷施或灌浇，杀灭白蚁。

第二十节 灰飞虱

【分布与为害】

灰飞虱是小麦上的主要害虫，除为害小麦外，还可为害水稻、玉米、稗、草坪禾草等多种植物，广泛分布于我国小麦产区，以长江中下游和华北地区发生较多。成、若虫均以口器刺吸小麦、水稻汁液为害，造成植株枯黄，排泄的蜜露易诱发煤污病。另外，灰飞虱是多种农作物病毒病的传毒介体。

（1）成虫（图 7-84）。长翅型雄虫体长 3.5mm，雌虫体长 4.0mm；短翅型雄虫体长 2.3mm，雌虫体长 2.5mm。雄虫头顶与前胸背板黄色，雌虫则中部淡黄色，两侧暗褐色。前翅近于透明，具翅斑。胸、腹部腹面雄虫为黑褐色，雌虫为黄褐色，足皆淡褐色。

（2）若虫。共五龄。一龄乳白色至淡黄色，胸部各节背面沿正中有纵行白色部分；二

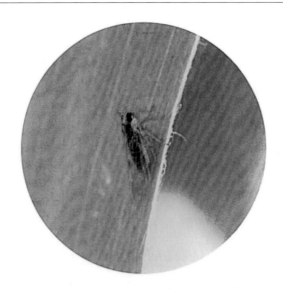

图7-84 灰飞虱成虫

龄黄白色，胸部各节背面为灰色，正中纵行的白色部分较一龄明显；三龄灰褐色，胸部各节背面灰色增浓，正中线中央白色部分不明显，前、后翅芽开始呈现；四龄灰褐色，前翅翅芽达腹部第1节，后胸翅芽达腹部第3节，胸部正中的白色部分消失；五龄灰褐色增浓，中胸翅芽达腹部第3节后缘并覆盖后翅，后胸翅芽达腹部第2节，腹部各节分界明显，腹节间有白色的细环圈。越冬若虫体色较深。

（3）卵。呈长椭圆形，稍弯曲，长1.0mm，前端较细于后端，初产乳白色，后期淡黄色。

【防治措施】

1. 农业防治

选用抗（耐）虫品种，科学肥水管理，提高作物抗虫能力。

2. 化学防治

用60%吡虫啉悬浮种衣剂20ml，拌小麦种子10kg。也可用10%吡虫啉可湿性粉剂1 000倍液或48%毒死蜱乳油1 000倍液或5%啶虫脒可湿性粉剂1 000～1 500倍液喷雾防治。

第二十一节 大 螟

【分布与为害】

大螟是以水稻为主的杂食性害虫，除为害水稻外，还可为害小麦、玉米、粟、甘蔗等多种作物及棒头草、野燕麦等杂草。国内大螟为害小麦主要发生在江苏、安徽、河南等省。在小麦上，大螟主要以越冬代和第一代幼虫为害，在小麦茎秆上蛀孔后，取食茎秆组织，造成小麦折断或白穗（图7-85）。

【形态特征】

（1）成虫（图7-86）。雌蛾体长15mm，翅展约30mm，头部、胸部浅黄褐色，腹部浅黄色至灰白色；触角丝状，前翅近长方形，浅灰褐色，中间具小黑点 4 个排成四角形。雄蛾体长约 12mm，翅展 27mm，触角栉齿状。

图7-85 大螟幼虫小麦茎秆为害状

图7-86 大螟成虫

图7-87 大螟幼虫

（2）卵。扁圆形，初白色后变灰黄色，表面具细纵纹和横线，聚生或散生，常排成 2~3 行。

（3）幼虫。五至七龄，三龄前幼虫鲜黄色，老熟时体长 20~30mm，头红褐色，体背面紫红色，无纵线，腹面淡黄色，腹足趾钩半环状（图7-87）。

（4）蛹。长 13~18mm，粗壮，红褐色，腹部具灰白色粉状物，臀棘有 3 根钩棘。

【防治措施】

大多数麦田不需要对大螟采取针对性措施进行防治，但小麦是大螟向稻田过渡的重要寄主，任其自然发展，会为后茬水稻田积累充足的虫源基数，存在成灾风险。

1. 农业防治

冬、春季节铲除田间路边杂草，杀灭越冬虫蛹；有茭白的地区要在早春前齐泥割去残株。

2. 化学防治

虫量大的时候，每亩选用18%杀虫双水剂250ml或90%杀螟丹可溶性粉剂150~200g，对水喷雾防治。

第二十二节　袋　蛾

【分布与为害】

袋蛾又名蓑蛾、避债蛾，以大袋蛾最为常见，分布于云南、贵州、四川、湖北、湖南、广东、广西壮族自治区、中国台湾、福建、江西、浙江、江苏、安徽、河南、山东等省（区）。主要为害法桐、枫杨、柳树、榆树、槐树、茶树、栎树、梨树等多种林木、果树。以蔷薇科、豆科、杨柳科、胡桃科及悬铃木科植物受害最重。偶尔也为害小麦（图7-88、图7-89）、玉米、棉花等农作物。幼虫取食树叶、嫩枝及幼果，大发生时可将全部树叶吃光，是灾害性害虫。

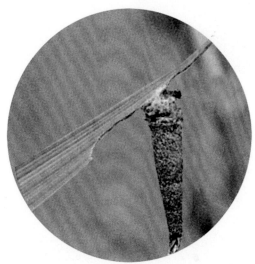

图7-88　袋蛾在小麦叶片上的为害状及袋囊（1）

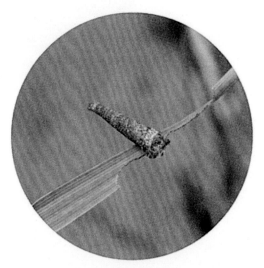

图7-89　袋蛾在小麦叶片上的为害状及袋囊（2）

【形态特征】

（1）成虫。雌雄异形。雌成虫无翅，乳白色，肥胖呈蛆状，头小、黑色、圆形，触角退化为短刺状，棕褐色，口器退化，胸足短小，腹部8节均有黄色硬皮板，节间生黄色鳞状细毛。雄虫有翅，翅展26~33mm，体黑褐色，触角羽状，前、后翅均有褐色鳞毛，前翅有4~5个透明斑。

（2）卵。椭圆形，淡黄色。

（3）幼虫。雌幼虫较肥大，黑褐色，胸足发达，胸背板角质，污白色，中部有两条明显的棕色斑纹；雄幼虫较瘦小，色较淡，呈黄褐色。

（4）蛹。雌蛹黑褐色，长22~33mm，无触角及翅；雄蛹黄褐色，细长，17~20mm，前翅、触角、口器均很明显。

【防治措施】

小麦上一般不需要对其进行针对性防治。林木及果树易成灾，需重点防治。

1. 农业防治

秋、冬季树木落叶后，摘除越冬袋囊，集中烧毁。

2. 化学防治

（1）幼虫孵化后，用90%敌百虫1 000倍液或80%敌敌畏乳油800倍液或40%氧化乐果1 000倍液或25%杀虫双500倍液喷洒。

（2）在幼虫孵化高峰期或幼虫为害盛期，用每毫升含1亿孢子的苏云金杆菌溶液喷洒。也可用25%灭幼脲500倍液或1.8%阿维菌素乳油2 000~3 000倍液或0.3%苦参碱可溶性液剂1 000~1 500倍液，喷雾防治。

第二十三节 蒙古灰象甲

【分布与为害】

蒙古灰象甲又名蒙古象鼻虫、蒙古土象，分布于东北、华北、西北、华东，特别是内蒙古自治区、江苏等地。除为害棉花、麻、谷子外，还可为害小麦、玉米、高粱、花生、大豆、窨莙菜、甜菜、瓜类、向日葵、烟草、桑树、茶树及果树幼苗等。成虫为害子叶和心叶可造成孔洞、缺刻等症状（图7-90），还可咬断嫩芽和嫩茎；也可为害生长点及子叶，使苗不能发育，严重时成片死苗，需毁种。

图7-90 蒙古灰象甲在小麦叶片上的为害状　　　图7-91 蒙古灰象甲成虫

【形态特征】

（1）成虫（图7-91）。体长4.4~6.0mm，宽2.3~3.1mm，卵圆形，体灰色，密被灰褐色鳞片，鳞片在前胸形成相间的3条褐色、2条白色纵带，内肩和翅面上具白斑，头部呈光亮的铜色，鞘翅上生10个纵列刻点。头喙短扁，中间细，触角红褐色膝状，棒状部长卵形，末端尖，前胸长大于宽，后缘有边，两侧圆鼓，鞘翅明显宽于前胸。

（2）卵。长0.9mm，宽0.5mm，长椭圆形，初产时乳白色，24h后变为暗黑色。

（3）幼虫。体长6~9mm，体乳白色，无足。

（4）裸蛹。长5.5mm，乳黄色，复眼灰色。

【防治措施】

1. 农业防治

在受害重的田块四周挖封锁沟，沟宽、深各40cm，内放新鲜或腐败的杂草诱集成虫集中杀死。

2. 化学防治

成虫出土为害期，用45%毒死蜱乳油1 000倍液或50%辛氰乳油2 000~3 000倍液，喷洒或浇灌。

第二十四节　甘蓝夜蛾

【分布与为害】

甘蓝夜蛾别名甘蓝夜盗虫、菜夜蛾，是一种杂食性害虫。可为害大田作物、蔬菜、果树等多种植物。在昆虫分类中属于鳞翅目的夜蛾科。以幼虫为害作物的叶片，初孵幼虫常聚集在叶背面，白天不动，夜晚活动啃食叶片，而残留下表皮，四龄以后白天潜伏在叶片下或菜心、地表、根周围的土壤中，夜间出来活动，形成暴食。严重时，往往能把叶肉吃光，仅剩叶脉和叶柄。吃完一处再成群结队迁移为害，包心菜类常常有幼虫钻入叶球并留下粪便，污染叶球，并易引起腐烂，损失很大。

【形态特征】

（1）成虫。体长10~25mm。体、翅灰褐色，复眼黑紫色，前足胫节末端有巨爪。前翅中央位于前缘附近内侧有一灰黑色环状纹，肾状纹灰白色。后翅灰白色，外缘一半黑褐色。

（2）卵。半球形，上有放射状的三序纵棱。初产时黄白色，孵化前变紫黑色。

（3）幼虫。老熟幼虫（图7-92）。

图7-92　甘蓝夜蛾幼虫为害小麦叶片

头部黄褐色，胸、腹部背面黑褐色，背线和亚背线为白色点状细线，各节背面中央两侧沿亚背线内侧有黑色条纹，似倒"八"字形。气门线及气门下线成一灰白色宽带。一二龄幼虫缺前2对腹足，行走似尺蠖。

（4）蛹。赤褐色或深褐色，背部中央有1条深色纵带，臀棘较长，具2根长刺，刺端呈球状。

【防治措施】

1. 农业防治

（1）清洁田园。菜田收获后进行秋耕或冬耕深翻，铲除杂草可消灭部分越冬蛹，结合农事操作，及时摘除卵块及初龄幼虫聚集的叶片，集中处理。

（2）诱杀成虫。利用成虫的趋化性，在羽化期设置糖醋盆诱杀成虫。

（3）生物防治。在幼虫三龄前喷施Bt悬浮剂、Bt可湿性粉剂等，也可在卵期人工释放赤眼蜂。

2. 化学防治

在幼虫三龄前用5%甲威盐乳油3 000倍液或45%毒死蜱油1 000倍液或15%甲威·毒死蜱乳油1 000倍液，喷雾防治。

第二十五节　麦拟根蚜

【分布与为害】

麦拟根蚜是为害小麦根部的偶发性害虫，该虫分布于欧洲，在亚洲仅伊朗、朝鲜、中国有分布，我国分布于山东、河北、河南、陕西、甘肃、云南各省。除为害小麦外，还可为害玉米、高粱、大豆、陆稻及稗、马唐草、狗尾草、虎尾草、蟋蟀草等多种杂草。在小麦上集中在根部为害，吸食根部汁液，造成小麦叶片由基部向上枯黄，受害重者不能抽穗（图7-93）。一般减产5%左右，严重的可减产30%~40%。

图7-93　麦拟根蚜大田为害状

【形态特征】

无翅孤生雌蚜淡黄色，扁卵圆形，长 3.5mm，背表皮有细网纹。体背短尖毛多。复眼多而小，有眼瘤。缺腹管。少数绿色圆球形，体长约 1.7mm。有翅孤生雌蚜体长 2.8mm，背表皮细网纹明显。触角长 1.1mm，前翅两肘脉共柄，中脉不分叉（图 7-94）。

图 7-94　麦拟根蚜，绿色若蚜和小麦根部为害状

【防治措施】

1. 农业防治

清洁田园，清除田间地头杂草，作物收获后及时深翻土壤，破坏麦拟根蚜的生存环境。精耕细作，合理灌水施肥，提高作物抗虫能力。

2. 化学防治

用 60% 吡虫啉悬浮种衣剂 20ml，拌小麦种子 10kg。也可用 48% 毒死蜱乳油 1 000 倍液灌根，杀灭根部寄生的蚜虫。

第二十六节　麦茎蜂

【分布与为害】

麦茎蜂又名烟翅麦茎蜂、乌翅麦茎蜂，是小麦上的主要害虫。国内各地均有分布，以青海、甘肃、陕西、山西、河南、湖北为主。以幼虫钻蛀茎秆，向上向下打通茎节，蛀食茎秆后老熟幼虫向下潜到小麦根茎部为害，咬断茎秆或仅留表皮连接，断口整齐。轻者田间出现零星白穗，重者造成全田白穗、局部或全田倒伏，导致小麦籽粒瘪瘦，千粒重大幅下降，损失严重。

【形态特征】

（1）成虫（图7-95）。体长8～12mm，腹部细长，全体黑色，触角丝状，翅膜质透明，前翅基部黑褐色，翅痣明显。雌蜂腹部第4、第6、第9节镶有黄色横带，腹部较肥大，尾端有锯齿状的产卵器。雄蜂第3～9节亦生黄带。第1、第3、第5、第6腹节腹侧各具1个较大的浅绿色斑点，后胸背面具1个浅绿色三角形点，腹部细小且粗细一致。

（2）卵。长约1mm，长椭圆形，白色透明。

（3）幼虫（图7-96）。末龄幼虫体长8～12mm，体乳白色，头部浅褐色，胸足退化成小突起，身体多皱褶，臀节延长成几丁质的短管。

图7-95　成虫

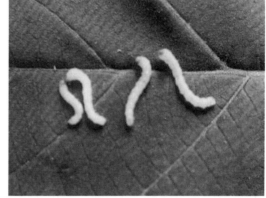

图7-96　幼虫

（4）蛹。蛹长10～12mm，黄白色，近羽化时变成黑色，蛹外被薄茧。

【防治措施】

1. 农业防治

麦收后及时灭茬，秋收后深翻土壤，破坏该虫的生存环境，减少虫口基数。选育秆壁厚或坚硬的抗虫品种。

2. 化学防治

在成虫羽化初期，每亩用5%毒死蜱颗粒剂1.5～2kg，拌细土20kg，均匀撒在地表，杀死羽化出土的成虫。也可在小麦抽穗前，选用20%氰戊菊酯乳油1 500～2 000倍液或4.5%高效氯氰菊酯乳油1 000倍液或45%毒死蜱乳油1 000～1 500倍液，喷雾防治成虫。

主要参考文献

霍阿红，杨德智 . 2015. 小麦优质高产栽培一本通 ［M］. 北京：化学工业出版社 .

冀保毅 . 2016. 小麦规模化生产与决策 ［M］. 北京：中国农业科学技术出版社 .

李向东，工绍中 . 2017. 小麦丰优高效栽培技术与机理 ［M］. 北京：中国农业出版社 .

于立河 . 2015. 小麦标准化生产图解 ［M］. 北京：中国农业大学出版社 .